工业和信息化普通高等教育"十二五"规划教材立项项目

21世纪高等学校计算机规划教材

21st Century University Planned Textbooks of Computer Science

C语言程序设计基础（第2版）

The C Programming Language (2nd Edition)

马华 马晓艳 主编

李玉娟 王玫 王秀娟 副主编

韩忠东 主审

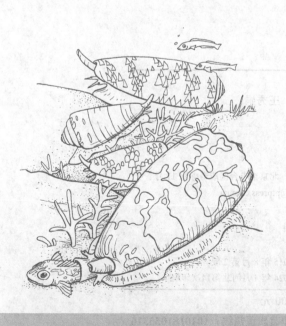

高校系列

人民邮电出版社

北京

图书在版编目（ＣＩＰ）数据

C语言程序设计基础 / 马华，马晓艳主编. -- 2版
. -- 北京：人民邮电出版社，2015.8(2024.1重印)
21世纪高等学校计算机规划教材. 高校系列
ISBN 978-7-115-39720-1

Ⅰ. ①C… Ⅱ. ①马… ②马… Ⅲ. ①C语言—程序设
计—高等学校—教材 Ⅳ. ①TP312

中国版本图书馆CIP数据核字(2015)第150891号

内 容 提 要

本书内容全面，结构清晰，语言通俗，重难点突出。全书共 10 章，主要内容包括 C 语言概述、基本 C 语言程序设计、选择结构程序设计、循环结构程序设计、函数、数组、指针、结构体、文件、综合案例等。

本版仍保留了第 1 版的基本结构和风格。每章首先给出学习目标和重点难点，旨在介绍本章的学习目标和需要掌握的知识点，然后引出案例及案例的运行结果，并给出案例涉及的知识点，接下来对关键知识点和要求掌握的知识点进行说明，最后给出案例解析以及案例源代码。本书附有大量的图表和参考程序，使读者能正确、直观地理解问题；样例程序由浅入深，强化知识点、算法、编程方法与技巧，并给出了详细的解释。另外，本书还配套提供题型丰富的习题。

本书可作为高等学校大学本科、高职高专学生"C 语言程序设计"课程的教学用书，也可作为全国计算机水平考试及各类培训班的培训教材。

◆ 主　　编　马　华　马晓艳
　　副 主 编　李玉娟　王　玫　王秀娟
　　主　　审　韩忠东
　　责任编辑　许金霞
　　责任印制　沈　蓉　彭志环

◆ 人民邮电出版社出版发行　　北京市丰台区成寿寺路 11 号
　　邮编　100164　　电子邮件　315@ptpress.com.cn
　　网址　http://www.ptpress.com.cn
　　三河市君旺印务有限公司印刷

◆ 开本：787×1092　1/16
　　印张：13.5　　　　　2015 年 8 月第 2 版
　　字数：353 千字　　　2024 年 1 月河北第 14 次印刷

定价：35.00 元

读者服务热线：**(010)81055256**　印装质量热线：**(010)81055316**
反盗版热线：**(010)81055315**

第2版
前 言

　　C 语言是当今软件开发领域里广泛使用的计算机语言之一，由于它功能丰富，使用灵活，目标程序效率高，可移植性好，程序结构性和可读性好，体现了结构化程序设计的思想，它一直超越众多的程序设计语言，在编程语言排行榜上名列前茅。学生通过本课程的学习，可以培养良好的编程风格，掌握常见的算法思路，真正提高运用 C 语言编程解决实际问题的综合能力，为后续课程实践环节的教学打好基础。

　　在程序设计类课程的教学中，往往会产生学生觉得难学，教师觉得难教的情况，如下所述。

　　（1）程序设计类课程教学难度较大。学生学习程序设计，感觉抽象，难以理解，这使得教学难度增加。这在授课进度和难易度控制等方面对教师提出了较高的要求。

　　（2）传统教学中过分注重语言的语法、语义规则，纠结于语言的细节问题，而忽视了对编程思路的培养，忽视了程序设计思想、算法的教学。这使得学生缺乏独立分析问题和解决问题的能力，学生在上机实验时，只能应付验证性实验，在设计性实验中，缺乏思路和解决问题的能力。

　　为了帮助广大学生更好地掌握 C 语言编程技术，帮助任课教师更好地组织教学，我们编写了本书。本书具有如下特点。

　　（1）改变传统教材以语法为驱动的内容编排模式，有利于任课教师组织课堂教学，有利于培养学生解决实际问题的能力。

　　（2）加强对学生分析问题及表达算法能力的培养，拟通过训练画 N—S 图，来提高学生的编程能力。传统教材对问题求解算法的表达不够重视，对培养学生画流程图或 N—S 图的能力不够重视，这导致大部分学生对新问题的分析及算法表达能力欠缺，从而影响其编写程序的能力。针对每个知识点，都结合图表和具体的实例去说明，将抽象的概念具体化，以便学生领会理解。

　　（3）采用 Visual C++ 6.0 作为编程环境，与全国计算机等级考试 C 语言考试的编程环境相一致，与许多实际项目开发过程中要求使用的 Visual C++ 6.0 编程环境相一致。

　　（4）在每一章的最后，都有一个小结，对本章的知识点进行总结，方便读者清楚本章的重点。为了让学生熟练掌握用 C 语言编写程序，本书在每一章的最后都配有一定数量的实践题目，同时本书的配套教材《C 语言程序设计实验指导》（第 2 版）也一同出版，配套教材针对本书的知识点设计了验证性、纠错性和设计性实验内容，以巩固每章的学习内容。此外，配套教材给出了五个综合性实验项目，它们可作为课程设计的题目。

　　本书在《C 语言程序设计基础》第 1 版的基础上统一了程序的格式，增加了部分案例与相关知识点，使内容结构更清晰，本书共分 10 章。第 1 章对 C 语言进行概述，介绍了 C 语言的基本语法、Visual C++6.0 与 dev-cpp 的编程环境和编程解决问题的过程，其中特别讲述了 Visual C++6.0 的程序调试方法及利用 N—S 图描述算法的过程；第 2 章用 3 个案例分别介绍了数据类型、变量与常量、基本输出函数、基本运算符和表达式、基本输入函数、顺序结构程序等知识点，以及程序的书写风格；第 3 章介绍了选择程序设计，用 2 个案例分别介绍了 if 语句、if 嵌套语句、switch 语句等知识点；第 4 章介绍循环结构程序设计，分别用蜡烛燃烧之谜、口令验证、阶乘问题以及打印杨辉三角形等案例讲解了 3 种循环语句和循环嵌套；第 5 章用案例讲解了自定义函数以及递归函数设计的思想和方法；第 6 章通过 4 个案例介绍了一维数组、二维数组、字符数组等知识点；第 7 章利用案例介绍了指针、指针变量及其与数组、字符串、函数等知识的关系；第 8 章利用学生信息管理、学生成绩管理、猴子选大王等案例，介绍了结构体类型、结构体数组、指向结构体的指针等知识点；第 9 章利用 3 个案例介绍了文件、打开文件、对文件读写等操作，并附一个综合应用；第 10 章综合案例，理论和实践结合，锻炼学生综合分析解决实际问题的编程能力。

本书在组织案例时采用启发式方法。对于较复杂的案例，首先提出问题，启发读者在用旧知识点不能或不便解决问题时该怎样做，从而引出新知识点；然后直观地给出程序的执行结果，并指出解决该问题涉及的知识点，从而激发读者对新知识点的探究兴趣；接下来对新知识点进行介绍；最后给出对案例的分析及源代码实现。为了提高学生分析问题以及描述算法的能力，每章后都有相应的练习习题，并鼓励学生先画出 N—S 图，再编程并上机调试。

本书由马华负责全书的策划和组织，并对全书进行了统稿和校对，其中马华编写了第 1 章、第 10 章，马晓艳编写了第 2 章、第 9 章，许婷婷编写了第 3 章，王玫编写了第 4 章，王秀娟编写了第 5 章，张兰华编写了第 6 章，彭磊和左风华编写了第 7 章，李玉娟编写了第 8 章，全书由韩忠东审稿。

本书在编写过程中得到许多老师的支持和帮助。泰山医学院张西学教授、张兆臣教授和张裕飞教授为本书提出了很多具体的指导意见，在此对他们表示衷心的感谢。同时对本书编写过程中参考的图书和资料的作者，以及人民邮电出版社的各位老师的大力支持表示诚挚的谢意。

由于作者水平有限，书中难免会出现遗漏和不足，恳请各界同仁及读者朋友提出宝贵的意见和真诚的批评。

编　者

2015 年 4 月

目　录

第1章
C 语言概述

学习目标

- 了解 C 语言发展历史；
- 掌握 C 语言的基本语法；
- 熟悉 VC++6.0 的编辑与 dev-cpp 运行环境；
- 掌握编程解决问题的基本过程。

重点难点

- 重点：C 语言的语法，包括关键字、词和句，利用编程工具 VC ++6.0 编辑与 dev-cpp 运行一个程序。
- 难点：理解并掌握用 C 语言解决问题的基本过程、算法的本质。

1.1 C 语言发展历史

1.1.1 C 语言出现的历史背景

C 语言最早由肯·汤普生（Ken Thompson）于 1973 年设计并实现。肯·汤普生毕业于著名的加利福尼亚大学伯克利分校，并获得学士和硕士学位。1970 年，他写出了 B 语言，目的是改进当时的 BCL 语言。而 B 语言就是 C 语言的前身。

肯·汤普生和丹尼斯·里奇一起用 C 语言开发出 UNIX 操作系统后，立刻引起程序员们的广泛关注。由于 UNIX 和 C 语言的巨大成功，肯·汤普生和丹尼斯·里奇在 1983 年获得计算机界的最高奖——图灵奖。

C 语言具有灵活性、简单性、运行速度快等特点，既具有一般高级语言的特性，又具有低级语言的特性，它既可以用来编写系统软件，也可以用来编写应用程序，倍受程序员的欢迎。它以简洁的语法和较高的执行效率，将过程语言带到了最高峰，可以说 C 语言是世界上使用最多的一种编程语言。后来的两个主流语言 C++和 Java，都是建立在 C 语言的语法和基本结构基础上的。

1.1.2 C 语言标准

标准 C：以 1978 年发表的 UNIX 第 7 版中的 C 编译程序为基础，Brian W. Kernighan 和 Dennis M. Ritchie（合称 K & R）的名著《The C Programming Language》中介绍的 C 语言成为后来广泛使用的 C 语言版本的基础，它被称为标准 C 语言。

ANSI C：1983 年，美国国家标准化协会（ANSI）根据 C 语言问世以来的各种版本对 C 的发展和扩充，制定了新的标准，称为 ANSI C。

87 ANSI C：1987 年，ANSI 又公布了新的标准——87 ANSI C。

ISO C：1990 年，国际标准化组织 ISO 接受 87 ANSI C 为 ISO C 的标准（ISO 9899—1990）。目前流行的 C 编译系统都是以它为基础的。

1.2　C 语言的基本语法

与英语很相似，C 语言也是有字、词、句等单位，并按一定的语法规则构成。下面，通过两个简单的 C 语言源程序来体会一下 C 语言的语法。第一个程序完成了计算 1～100 所有整数求和的功能，第二个程序利用自定义函数求任意两个整数的最大数。

```
程序 1:
#include "stdio.h"
int main()
{
  int i, sum=0;
  for (i = 1;  i <= 100 ; i++)
  sum = sum + i;
  printf("The sum of 1 to 100 is: %d\n",sum);
  return 0;
}
程序 2:
#include "stdio.h"
int main()
 {
    int a,b,c;
    int max();
    printf("Input the value of a&b:");
    scanf("%d,%d",&a,&b);
    c=max(a,b);
    printf("max=%d",c);
    return 0;
 }
int max(int x , int y)
 {
    int z;
    if(x>y)      z=x;
    else         z=y;
    return(z);
 }
```

通过上面的两个程序简单认识一下 C 语言的语法。

1.2.1　C 语言的字

C 语言中的字包括 26 个大写字母（A～Z），26 个小写字母（a～z），10 个数字（0～9），还包括以下符号：

（1）算术运算符号 + - * / %　　　　　　　加 减 乘 除 按模取余

（2）赋值运算符号 ＝ 赋值（不是等号）

（3）关系运算符号 ＜＞ 小于 大于（另外还有组合符号 <= >= !=）

（4）标点符号 .,:;? 点 逗号 冒号 分号 问号

（5）逻辑符号 &|!~ ^ 与 或 非 取反 异或

（6）括号符号 "'()[]{} 双引号 单引号 小括号 中括号 大括号

（7）特殊符号 空格 #_ 空格 #号 反斜杠 下划线

试着看一下前面的源程序用到 C 语言中的哪些字。

1.2.2 C 语言中的词

C 语言中的词由字来组成，按词意和用途可分为 5 类词：关键字、标识符、运算符、分隔符和注释符。

1. 关键字

关键字，也叫保留字，是 C 语言专用的词，共 32 个，分为 7 类，如表 1-1 所示。

表 1-1   C 语言的关键字

用　途	关　键　字	备　注
定义基本数据类型	int float double char void	
修饰数据类型	signed unsigned short long const volatile	
修饰存储类型	auto register static extern	
定义复合数据类型	struct union enum	
流程控制	if else switch case default for while do goto continue break return	
类型定义	typedef	
求数据类型长度	sizeof	如 sizeof（char）

2. 标识符

用户可以用它对变量、函数等对象命名。命名规则为：由字母或下划线开头，后面由字母、数字或下划线构成。标识符的名字要"见名知意"，如存放年龄的变量定义为 age。

3. 运算符

C 语言拥有 43 种运算符，这些运算符将数据连接起来就形成表达式，用来进行数学或逻辑运算。这些运算符如表 1-2 所示。

表 1-2   运算符

基本运算符	算术运算符	+ - * / % ++ --	单目运算符++、--以及符号- 结合性：自右向左
	关系运算符	< <= == > >= !=	
	逻辑运算符	&& ‖ !	
	赋值运算符	= += -= *= /= %=	结合性：自右向左
特殊运算符	位运算符	& | ^ >> << &= |= ^= >>= <<=	
	条件运算符	? :	结合性：自右向左
	指针运算符	->	
	逗号运算符	,	

表 1-2 中未说明结合性的运算符，其结合性均为自左向右。对于这些运算符的优先级可归纳成如下的口诀，其中的一二三四五六七为优先级。

括号一，单目二，乘除余三加减四；

移位五，关系六，等不等排第七；

位运算为第八，后跟与或及条件，赋值逗号级最低。

4. 分隔符

分隔符有 5 个，如表 1-3 所示。

表 1-3　　　　　　　　　　　　　　分隔符及其用途

符 号	举 例	用 途
逗号	int i,j,k;	将各对象分隔开
空格	static int s=0;	将句中的词分隔开
分号	int i; for(i=0;i<100;i++){}	每条语句的结束， for 语句中多个表达式的分隔
冒号	switch(n) { case 1: y=0;break;}	多用于 case 语句中， 作为整数与后面语句的分隔
大括号	while(i<=100) {s=s+i;i++;}	用于构造程序结构、复合句的符号

5. 注释符

注释符以 // 开始，或用 /* 和 */ 将内容括起。它只是增加程序的可读性。一个好的程序应当有 1/3 的注释，以便于日后的阅读和维护。

1.2.3　C 语言的语句

程序员是通过 C 语言的语句与计算机进行交流的，为了看懂并会编写程序首先要认识 C 语言的语句。C 语言的语句分为两类：说明语句和执行语句。

1. 说明语句

说明类型语句即定义数据类型语句，其作用是定义变量，也就是声明一个存放数据的场所。变量声明后，就规定了变量名、变量的类型、变量的取值范围，以及变量能参与的运算。变量类型的关键词如表 1-4 所示。

表 1-4　　　　　　　　　　　　　　变量类型说明语句

基本类型	int （整型）、char （字符型）、float （单精度实数）、 double （双精度型实数）、enum （枚举）	
构造类型	数组类型：　如 int a[10];	
	结构体类型：struct	
	共用体类型：union	
指针类型	文件类型：FILE，指针类型：*	

2. 执行语句

各执行语句及格式如表 1-5 所示。

表 1-5   执行语句

语句	格式	语句	格式
赋值	n = 10;	default	default：语句;
if	if（x>0）y =1;	break	break;
while	while（i<=100） {s += i;i++;}	continue	continue;
do	do {s += i;i++} While（i<=100）;	return	return; 或 return（表达式）;
for	for(i=0;i<=100;i++) s += i;	goto	goto 标号;
switch	switch（表达式）语句;	函数调用	函数名（实参表）;
case	case 常数：语句;	空语句	;

1.2.4　C 语言的基本结构

由程序 1 与程序 2，我们可以看到 C 语言的基本结构包含如下部分。

1．Main()函数

在每个执行的 C 程序中，main()函数必不可少。在最简单的情况下，main()函数由函数名 main、其后的一对圆括号（其中包含 void）和一对花括号组成。花括号内的语句组成了程序的主体。在一般情况下，程序从 main()的第一条语句开始执行，到 main()的最后一条语句结束。

2．#include 指令

#include 指令命令 C 编译器，在编译时将包含文件的内容添加进程序中。包含文件时独立的磁盘文件、内涵程序或编译器要使用的信息。这些包含文件由编译器提供。一般情况下都不用修改这些文件中的内容，因此将其与源代码分离。所有包含文件的扩展名都是.h（如 stdio.h）。

3．变量的定义

变量是赋给内存中某个位置的名称，用于储存信息。在程序的执行期间，程序使用变量储存各种不同类型的信息。在 C 语言中，必须先定义变量才能使用。第 2 章将详细介绍变量和变量的定义内容。

4．程序语句

C 程序的具体工作都是由语句完成的，如在程序 1 和程序 2 里面的 pringf()语句是在屏幕上显示信息，scanf()语句是读取从键盘输入的数据，并将数据赋给程序中的一个或多个变量。if()语句 1；else 语句 2；是根据条件，选择一条语句执行。return 语句是返回语句，从被调函数返回数据到主调函数或在程序结束前将 0 这个值返回操作系统。其他语句会在后续的章节里面详细讲到。

5．函数定义

一个函数由函数的首部和函数体两部分组成。函数的首部：即函数的第一行，包括函数名、函数类型、函数属性（函数的存储类别）、函数参数（参数名、参数类型）。函数体：即函数首部下面大括弧{……}内的部分。如果函数内有多个大括弧，则最外层的一对{}为函数体的范围。

函数体一般包括：

声明部分：用于定义所用到的变量。

执行部分：由若干个语句组成。

1.3   Visual C++ 6.0 编程环境

1.3.1   VC 的编辑环境

Visual C++ 6.0（简称 VC）是 Windows 下广泛使用的开发工具，简单易用，并且全国计算机等级考试大纲也把 VC 作为 C 语言的编程环境，故本书采用 VC 作为 C 语言的开发工具。下面简单说明一下 VC 的编辑环境。

启动 Visual C++ 6.0 建立 C 程序文件时，执行菜单"文件"(File)->"新建"(New)命令，并进入选项卡"文件"（Files）后，出现图 1-1 所示的新建窗口，建立文本文件（Text File）hello.c，并选择文件存储位置，之后单击"确定"（OK）按钮。接下来就可以在图 1-2 所示的编辑区中编辑 C 程序文件 hello.c。

在编辑区中移动光标时，可以使用键盘上的上下左右光标键，以及 Home、End、PaUp 和 PaDo 等快速键。编辑时可以做选中、复制、移动、粘贴、删除等操作。

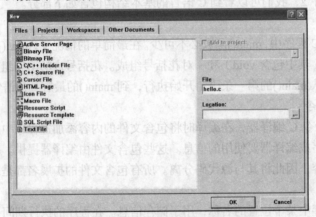

图 1-1   新建 C 程序文件

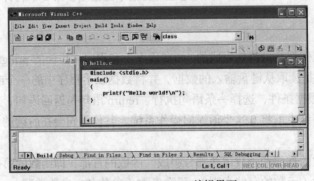

图 1-2   Visual C++ 6.0 编辑界面

1.3.2   运行

图 1-1 所示的程序称为**"源程序"**，它是人们能直接理解的源代码。接下来需要用编译程序将源程序编译成二进制形式的**目标文件**，其文件扩展名为.obj，然后将目标程序与系统的函数库和

其他目标程序连接起来，形成**可执行文件**，其扩展名为.exe。

　　编译源程序时，可单击图 1-3 中的第 1 个按钮；连接时单击图 1-3 中的第 2 个按钮；运行程序时单击图 1-3 中的第 4 个按钮。

　　编译、连接、运行程序时，若有错误或警告，会有提示信息出现在图 1-2 所示的下端窗口中，此时需要进行调试，并修改源代码继续运行；若没有错误，会显示最终结果，如图 1-4 所示。

图 1-3　常用按钮

图 1-4　程序运行结果

1.3.3　调试

　　程序的错误有两种：语法错误和逻辑错误。语法错误主要是由 C 语言中的字、词、句以及各种符号拼写不正确引起，比较容易找出来，而逻辑错误是指程序能运行，但结果不正确，此时则需要通过调试来解决。

　　程序调试方法有两种：静态调试和动态调试。静态调试需要程序员自己阅读程序来发现错误，而动态调试则通过查看程序运行过程中的中间结果来确定出错位置，然后改正。

　　动态调试又有两种方法：一种是**单步调试**，按【F10】（跳过子程序）或【F11】（进入子程序）键逐条执行，一条语句执行完后，程序就停下来并显示一些变量的结果；另一种是**设置断点**，先将光标定位到可能出错的语句上，然后按【F9】键或单击图 1-3 中的手形按钮，接下来按【F5】键或单击图 1-3 中的第 5 个按钮，程序会运行到断点处暂停，让你观察中间结果。通过查看中间结果就可以推定错误位置，然后改正。

1.4　dev-cpp 编程环境

　　该软件支持 ANSI C++ 标准，支持 STL 类库。该软件为绿色软件，无需安装，直接单击 devcpp.exe 可使用。

1.4.1　第一次使用

　　第一次使用需要设置语言等选项，默认英语即可，如图 1-5 所示。

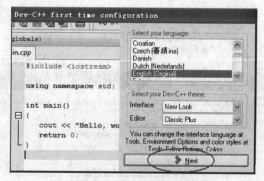

图 1-5　第一次使用界面

初始安装后，默认的字体很小，可以按如下方法设置。

选择菜单：Tools | Editor Options，如图 1-6、图 1-7 所示。

图 1-6　Tools | Editor Options

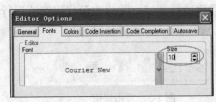

图 1-7　设置字体

1.4.2　编译与运行

可以通过菜单选择，或按快捷按钮，如图 1-8 所示。

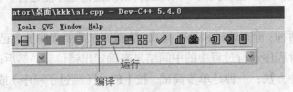

图 1-8　编译与运行

1.4.3　常见故障

如果编译、运行按钮为灰色，通常是配置问题，可以按如图 1-9 所示设置。

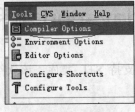

图 1-9　编译

如果必要，可以删除当前配置，再添加新配置，如图 1-10 所示。

图 1-10　更改配置

1.5　编程解决问题的过程

利用计算机来解决问题，就需要程序设计。通常我们把设计、书写及检查调试程序的过程称为程序设计。下面简单说明设计程序解决问题的一般过程，以及算法的描述工具。

1.5.1　编程解决问题的步骤

（1）**分析问题**。需要搞清楚要解决什么样的问题。

（2）**确定数据结构**。根据任务提出的要求，指定变量，用来存放输入的数据和输出的结果，也就是要确定存放数据的数据结构。

（3）**确定算法**。针对存放数据的数据结构来确定解决问题、完成任务的步骤。

（4）**编码**。根据确定的数据结构和算法，使用选定的计算机语言来编写程序代码，输入到计算机，并保存在磁盘上，通常简称为"编程"。

（5）**调试程序**。消除由于疏忽而引起的语法错误或逻辑错误，用各种可能的输入数据对程序进行调试，使之对各种合理的数据都能得到正确的结果，对不合理的数据进行适当的处理。

（6）**整理并写出文档资料**。以上步骤中，算法是程序设计的灵魂，而语言只是一种形式。有了正确的算法，可以利用任何一种语言编写程序。因此，有必要简单介绍算法的概念以及算法的描述工具。

1.5.2　算法及其描述工具

1. 算法的概念

广义地讲，处理任何问题都有一个"算法"问题。例如，"太极拳动作图解" 就是太极拳的算法，因为它详细地叙述了太极拳的动作和执行顺序。同样乐曲的乐谱也可以说是该乐曲的算法，因为指定了演奏该曲的每一个步骤。同样在菜谱中也包含了算法，因为它除了列出做菜的原料以外，还列出了操作的每一个步骤。当然，我们在这里所讨论的算法指的还是计算机算法，也就是计算机能够执行的操作。

算法就是解题方法。严格地说，算法是由若干条指令组成的有穷序列，它必须满足下述准则。

（1）输入：应具有 0 个或多个输入。

（2）输出：至少产生 1 个输出量。

（3）有穷性：每一条指令的执行次数必须是有限的。

（4）确定性：每条指令的含义都必须明确，无二义性。

（5）可行性：每条指令的执行时间，都是有限的。

对于同一个问题，可有不同的解题方法和步骤，即不同的算法。

例如，求 1+2+3+4+5+…+100 就有不同的方法，有人先进行 1+2，再加 3，再加 4，一直加到 100，则得到结果 5050。而有的人则采用另外的方法，100+（99+1）+（98+2）+…+（51+49）+50 的方法，也得到同样的结果。显然，对心算来说，后者要比前者来得容易。当然还有其他方法，如，将奇数和偶数分别相加，再求和。人们希望采用好的方法，即方法简单、运算步骤少、能迅速得出正确结果的算法。因此为了有效地进行解题，不仅需要保证算法正确，还要考虑算法的质量选择合适的算法。

对于完成一项工作来说，要设计算法，即指出应进行的操作和步骤。比如，作曲家创作了一首曲谱就是设计了一个算法。但算法需要用某种工具来描述，比如作曲家用五线谱或简谱这种工具来描述曲谱。算法描述工具有很多，如自然语言、流程图等。但比较规范的且现在用得比较多的是N-S图。

2. N–S图

N–S图又叫"盒图"，即由一个一个的盒子组成。它有如下几种基本的符号。

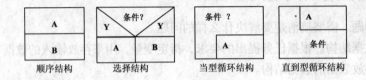

顺序结构　　　　选择结构　　　　当型循环结构　　　直到型循环结构

几个常用算法如下所述。

（1）输入a、b两个整数，然后将它们的值互换。

（2）输入a、b两个整数，输出它们当中较大的那一个。

（3）求1+2+3+4+5+ …+100。

3个题目算法的N-S图分别如图1-11、图1-12和图1-13所示。

 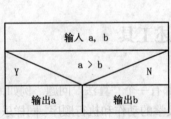 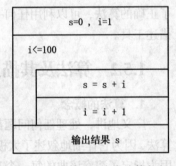

　　图1-11　两数互换　　　图1-12　求两数中的较大数　　　图1-13 求前100个自然数之和

习　　题

请用N-S图描述解决下列问题的算法。

练习1-1　若输入a，b，c为3个整数，请输出它们当中最大的一个。

练习1-2　从键盘输入若干个整数，若其中有负数，则输出该负数，并统计出负数的个数。

1.6　小　　结

本章重点介绍了C语言的基本语法知识，包括C语言的字、词、句，认识并掌握它们是编程的基础。了解编程解决问题的一般步骤，掌握用N-S图这一工具来表达算法。熟悉用Visual C++ 6.0与dev-cpp来编辑、编译、连接和运行C语言程序，特别介绍了动态调试程序的单步执行和设置断点的方法。

习　　题

1. C 语言源程序文件的扩展名是_____，经过编译后，生成文件的扩展名是_____，经过连接后，生成文件的扩展名是_____。

2. 结构化程序由 3 种基本结构组成，分别是_____、_____、_____。

3. 简述编程解决问题的步骤，设计求前 100 个自然数中奇数之和的算法，用 N-S 图描述。

4. 上机改错题（在 VC 中上机试一下，记录并熟悉出错信息）。

```
#include stdio.h ;
int main()  / *main function *  /
    float r , area ;
    r = 5.0 ;
    area = 3.14 ;
    printf("% f \n" , s );
    return 0 ;
```

5. 指出下面程序的错误。

```
#include stdio.h
int main()
{   float a , b, c , v ; /* a,b,c are sides , v is volume of cube */
    A = 2.0 ; b = 3.0 ; c = 4.0
    v = a * b * c ;
    Printf("%f \n" , v )
     return 0;
}
```

第2章
基本C语言程序设计

学习目标

- C语言中的常量、变量和基本数据类型;
- 实现各种数据类型的输入和输出;
- 掌握各种运算符和表达式,特别是几个特殊运算符;
- 理解不同数据类型之间的运算和转换;
- 熟悉C语言中的数学库函数,掌握几个常用库函数。

重点难点

- 重点:表达式和语句,各种数据类型(整型、实型、字符型和字符串),常量和变量,输入和输出语句。
- 难点:输入输出函数。

2.1 常量、变量与数据类型

2.1.1 案例描述

(1)提出问题:通过第一章,现在读者一定很渴望编写程序,让计算机与外界进行实际的交互。我们不希望程序只能做打字员的工作,显示包含在程序代码中的固定信息。理想情况下,我们应能从键盘上输入数据,让程序把它们存储在某个地方,这会让程序更具多样性。程序可以访问和处理这些数据,而且每次执行时,都可以处理不同的数据值。每次运行程序时输入不同的信息正是整个编程的关键。

(2)涉及的知识点:在程序中存储数据项的地方是可以变化的,所以叫做变量;而其值不能改变的量称为常量;常量和变量有不同的数据类型,这正是本节的主题。

2.1.2 计算机的内存

首先看看计算机如何存储程序要处理的数据。为此,就要了解计算机的内存,在开始编写第一个程序之前,先简要的介绍计算机的内存。

计算机执行程序时,组成程序的指令和程序所操作的数据都必须存储到某个地方。这个地方就是机器的内存,也称为主内存(Main Memory),或随机访问存储器(Random Access Memory, RAM)。RAM是易失性存储器。关闭PC后,RAM的内存就会丢失。PC把一个或多个磁盘驱动器作为其永久存储器。要在程序结束执行后存储起来的任何数据，都应打印出来或写入磁盘，因为程序结束时，存储在 RAM 中的结果就会丢失。

可以将计算机的 RAM 想象成一排井然有序的盒子。每个盒子都有两个状态：满为 1，空为 0。因此每个盒子代表一个二进制数：0 或 1。计算机有时用真（true）和假（false）表示它们：1 是真，0 是假。每个盒子称为一个位（bit），即二进制数（binary digit）的缩写。

为了方便起见，内存中的位 8 个为一组，每组的 8 位称为一个字节（byte）。每一个字节用一个唯一的数字表示，字节的这个表示称为字节的地址。因此，每个字节的地址都是唯一的。每栋房子都有一个唯一的街道地址。同样，字节的地址唯一地表示计算机内存中的字节。

有了地址的概念，下面看看如何在程序里使用这些内存存储数据，而数据又分为常量与变量。

2.1.3　什么是常量

定义：在程序的运行过程中，其值不能改变的量称为常量。

常量有不同的类型，如 12、0、-3 为整型常量，4.6、-1.23 为实型常量，'a'、'd' 字符常量。"abc" 是字符串常量。

符号常量是指用一个标识符代表一个常量。如商场内某一产品的价格发生了变化，如果我们在一个程序中多次用到了这种商品的价格，需要逐个修改非常麻烦，这样可以定义一个符号常量，在文件的开头写这么一行命令：

```
#define  PRICE  50
```

这里用 #define 命令行定义 PRICE 代表常量 50，后面的程序中有用到这种商品的价格时，直接用 PRICE，可以和常量一样进行运算；如果常量的值需要发生变化，只需要在 #define 命令行进行修改，达到一改全改的目的。

【例 2.1】

```
#define PRICE 50
int main()
{  int num=10;
    ...
   total=num*PRICE;
   num=num+50;
   p=(p1+p2+PRICE)/3;
    ...
   return 0;
}
```

这里需要说明以下几点。

（1）符号常量名习惯上用大写，以便与变量名相区分。

（2）一个 #define 对应一个常量，占一行；n 个常量时需 n 个 define 与之对应，占 n 行。

（3）符号常量不同于变量，它的值在其作用域内不能改变，也不能再被赋值。

（4）在程序中使用符号常量具有可读性好，修改方便的优点。

2.1.4　什么是变量

1. 变量的定义

变量是计算机里一块特定的内存，它是由一个或多个连续的字节组成，一般是 1、2、4、8

或 16 字节。每一个变量都有一个名称，可以用该名称表示内存的这个位置，以提取它包含的数据或存储一个新数值。

【例 2.2】 编写一个程序，用 printf()函数输出工资。

```c
#include "stdio.h"
int main()
{
printf("My salary is $100");
        return 0;
}
```

如何修改这个程序，让它能够根据存储在内存中的值，输出要显示的信息？我们可以使用变量来解决。

我们可以分配一块名为 salary 的内存，把值 100 存储在该变量中。要显示工资时，可以直接输出 salary 里面的值。当工资改变时，只改变 salary 的值，程序就会使用新的值。上面的 2.2 程序可以更改如下。

```c
#include "stdio.h"
int main()
{
    int salary;
    salary=100;
    printf("My salary is %d\n",salary);
    return 0;
}
```

变量在使用前必须先定义。变量一经定义就会在程序编译过程中为其分配适合其类型的存储单元，用于存储其值。变量在一个时刻只拥有一个值，在不同的时刻取值可以不同，体现一个"变"字。变量名则作为该存储单元的代表，在程序中被引用，而存储单元的大小由变量的类型决定。

2. 变量的命名

变量名的命名规则遵循标识符的命名法则。即以字母或下划线开头，后跟字母、数字或下划线。不能用 C 语言中的关键字作为变量名。变量名的另一个要点是，变量名是区分大小写的，因此 Dem 和 dem 是不同的。可以在上述限制内随意指定变量名，但最好使变量名有助于了解该变量包含的内容。例如，用变量名 x 来存储和就不好，而使用变量名 sum 就好得多，对用途不会有什么疑义。

C 语言要求对所用到的变量要"先定义，后使用"。变量定义后，系统会在内存中为其分配一定的存储单元来存放变量的值。变量名（用标识符表示）、变量在内存中占据的存储单元、变量值 3 者关系如图 2-1 所示。

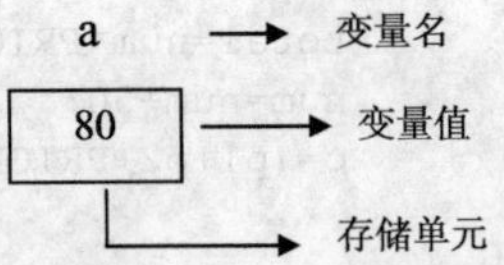

图 2-1 变量存储示意图

其中，矩形框表示一个存储单元（变量），里面可以存放数据，现在存放着数据 80（变量值），该存储单元可用 a（变量名）来表示。

定义变量的语句格式如下：

<类型说明符> <变量名表>；

如：int a;

如果在定义的同时，就要为变量赋初值，格式如下：

<类型说明符> <变量名表>=<初始表达式>；

如：int a=80;

2.1.5　什么是数据类型

在计算机中,不同类型的数据在内存中存储的形式是不同的,系统对它们的操作处理也不同。为了满足系统对各种类型数据操作的需要,C 语言引进了数据类型的概念,要求对 C 程序中使用的每一个数据,都必须指出它们的类型,系统据此为数据分配相应的存储空间,并确定数据所能进行的运算处理。

C 语言的数据类型:

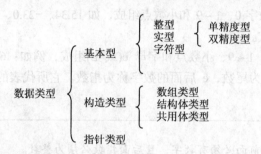

2.1.6　不同数据类型的常量与变量

1.整型数据

（1）整型常量

C 程序中的整型常量可以以十进制常量、八进制常量和十六进制常量 3 种形式出现。

十进制常量:由数字 0,1~9 组成的整数,例如:15、-238、0 等,这是程序中最经常使用的整型常量形式。

八进制常量:以数字 0 开头,由数字 0、1~7 组成的整数,例如:016、075 等,016 等价于十进制数 14,075 等价于十进制数 61。

十六进制常量:以 "0x" 或 "0X" 开头,由数字 0、1~9 或字母 a、b、…、f 组成的整数,如 0x16、0xab 等,0x16 等价十进制数 22,0xab 等价于十进制数 171。

（2）整型变量

前面介绍变量的定义,但未考虑它们占用多少内存空间。每次声明给定类型的变量时,编译器都会给它分配一块足够大的内存空间,来保存该类型的变量。相同类型的不同变量总是占据相同大小的内存（字节数）,但不同类型的变量需要分配的内存空间就不一样。

根据前面讲的计算机的内存,计算机的内存组织为字节。每个变量都会占据一定数量的内存字节,那么存储整数需要几个字节呢这取决于整数值的大小,所以可以根据数值的范围,将整型变量定义为 3 种类型。

基本型:以 int 表示,占用 4 个字节。

短整型:以 short int 或 short 表示,占用 2 个字节。

长整型:以 long int 或 long 表示,占用 8 个字节。

以上 3 种类型的字节数不是固定的,取决于所使用的编译器。可以用函数 sizeof（类型）求字节数,后面会介绍。

有些数据总是正的,例如班级人数。为了充分利用变量的表数范围,可以不设符号位,而用全部二进位存放,不带符号的整数数据,即定义无符号型。因而可以有:无符号整型（unsigned int）、无符号短整型（unsigned short）、无符号长整型（unsigned long）。

归纳起来，可以使用以下 6 类整型变量：

[signed] int	unsigned int
[signed] short [int]	unsigned short [int]
[signed] long [int]	unsigned long [int]

2. 实型数据

（1）实型常量

C 程序中的实型常量有十进制小数和指数两种表现形式。

十进制小数形式：由数字 0、1~9 和小数点组成，如 15.34、-23.0、0.7542 等，这是程序中最经常使用的实型常量形式。

指数形式：由数字 0、1~9、小数点和字母 e(或 E)组成，例如：6.32e3、1e-3 和-0.34e5 等。其中 e 前面的数字称为尾数，e 后面的数字称为指数。它所代表的数值等于尾数乘以 10 的指数次幂。

字母 e(E)前面必须有数字，且后面指数必须为整数。

（2）实型变量

实型变量只能存储实数。将实型变量定义为两种类型。

单精度：以 float 表示，占用 4 个字节。

双精度：以 double 表示，占用 8 个字。

一个实型数据一般在内存中占用 4 个字节（32 位），按照指数形式存储。例如，3.14159 按照 " +0.314159e1" 形式存储。

在 4 个字节中，究竟用多少位来表示小数部分、多少位来表示指数部分，标准 C 并无具体规定，完全由各编译系统自定。小数部分占的位数越多，数的有效数字越多，精度越高。指数部分占的位数越多，则能表示的数值范围越大。

每个实型变量也必须在使用之前定义。

例如：float   x,y;   ----------定义 x 和 y 为单精度型变量

　　　double   z;   ----------定义 z 为双精度型变量

单精度与双精度只是数据的有效位数不同。单精度的有效位为 7 位，如果需要存储至多有 7 位精确值的数，就应需要使用 float 类型的变量。双精度的有效位为 16 位，如果需要存储至多有 16 位精确值的数，就应需要使用 double 类型的变量。

【例 2.3】

```
#include "stdio.h"
int main()
{
    float a,b;
    a=123456.789e5;
    b=a+20;
    printf("%f",b);
    return 0;
}
```

输出结果：12345678868

根据我们自己计算，输出的结果应该为 12345678900，为什么不是呢？这就是因为单精度的有效位是 7 位，保证前 7 位有效。如果把程序中的 float 换成 double，输出结果是什么呢？同学们可以自己试一试，想想结果怎么得来的。

3．字符型数据

（1）字符型常量

字符型常量的表现形式有两种，如下所述。

用单引号括起来的单个字符，如'a'，'+'，'$'等。

转义字符，它是一种特殊的字符常量。转义字符以反斜线"\"开头，后跟一个或几个字符。转义字符具有特定的含义，不同于字符原有的意义，故称"转义"字符。例如，在前面例题 printf 函数的格式串中用到的"\n"就是一个转义字符，其意义是"回车换行"。表 2-1 列出了常用的转义字符。

表 2-1　　　　　　　　　　　　　常用的转义字符

转义字符	意　义	转义字符	意　义
\n	回车换行符	\a	响铃
\t	水平制表符	\"	双引号
\v	垂直制表符	\'	单引号
\b	左退一格	\\	反斜杠
\r	回车符	\ddd	1~3 位八进制数 ddd 对应的字符
\f	换页符	\xhh	1~2 位十六进制数 hh 对应的字符

注：反斜线后的八进制数不用 0 开头，如'\101'代表的就是字符常量'a'，'\141'代表字符常量'a'，即在一对单引号内可以用反斜线后跟一个 3 位八进制数，来代表一个字符。反斜线后的十六进制数可以有小写字母 x 开头，如'\x41'代表字符常量'a'，'\x6d'（也可写成'\X6D'）代表字符常量'm'。

（2）字符型变量

字符变量用来存放字符常量（只能放一个字符，而不是字符串）。

字符变量的定义：

　　　　　char c1, c2;　　　　　　　——定义 c1，c2 为字符变量

字符型数据类型标识符是用 char 表示，在内存中占一个字节（8 位）。

在内存中字符型数据是以所存字符的相应 ASCII 码存储。字符 ASCII 码值为 0~255。

字符数据的存储形式与整型数据的存储形式类似，因此，字符型数据和整型数据之间可以通用，但是字符型数据只占一个字节（8 位），所以字符数据只能存放 0~255 范围内的整数。

一个字符型数据既可以以字符形式输出，也可以以整数形式输出。以字符形式输出时，先将存储单元中的 ASCII 码值转换成相应字符，然后再输出。以整数形式输出时，直接将 ASCII 码作为整数输出。

字符型数据还可进行算术运算，相当于它们的 ASCII 码值参与运算。

【例 2.4】

```
#include "stdio.h"
int main()
{
    char c1,c2;
    c1=97;
    c2=98;
    printf("%c,%c\n",c1,c2);
```

```
        printf("%d, %d\n",c1,c2);
}
```

在程序中我们将整数 97 和 98 分别赋给 c1 和 c2，它的作用相当于以下两个赋值语句：

    c1='a';

    c2='b';

  运行时输出结果如下：

    a , b

   97 , 98

（3）字符串常量

  字符串常量简称为"字符串"。字符串就是用两个双引号（" "）前后括住的若干个字符。例如，"abc"、"1234567890"、"aAbBcCdD"都是字符串。

  要特别注意双引号是作为字符串的标记，所以在字符串中使用双引号必须用转义字符"\"。例如 "\"ABCD\"" 是表示 ""ABCD"" 这一串字符的。

  C 语言规定，字符串中的字母是区分大小写的，所以"a"和"A"是不同的字符串。

  一个字符串中所有字符的个数称为该字符串的长度，其中每个转义字符只当做一个字符。例如，字符串"abc"、"1234567890"、"aAbBcCdD"、"\\ABCD\\"、"\101\102\x43\x44"的长度分别为 3、10、8、6、4。

  虽然在内存中每个字符只占用 1 个字节，但 C 语言规定，每个字符串在内存中占用的字节数等于字符串的长度加 1。其中最后一个字节存放的字符称为"空字符"，其值为 0，书写时常用转义字符"\0"来表示，在 C 语言中称为字符串结束标记。例如，字符串 China 有 5 个字符，作为字符串常量"China"存储于内存中时，共占 6 个字节，系统自动在后面加上 NULL 字符，其存储形式为：

C	h	i	n	a	NULL

  例如，字符串"AB"和"A"的长度分别为 2 和 1，它们在内存中分别占用 3 和 2 个字节。不难看出，只存单个字符的字符串"A"和字符常量'A'是不同的。前者是字符串，是用双引号括住的，在内存中必须占用 2 个字节；后者是字符常量，是用单引号括住的，在内存中只占 1 个字节。

2.2 基本的运算符和表达式

2.2.1 案例描述

1. 提出问题

设计"四则运算测试系统"程序，测试目标是两个整数的加、减、乘、除四则运算，以赋值形式给两个数值，相加为单项测试用例。

2. 涉及的知识点

（1）运算符和表达式；

（2）赋值语句。

2.2.2 赋值运算符和赋值表达式

常用的赋值运算符有 "="，在赋值符 "=" 之前加上其他运算符可以构成复合的赋值运算符，如果在 "=" 前加一个 "+" 运算符，就构成了复合运算符 "+="。

例如 a+=3 等价于 a=a+3。

同理，常用的赋值运算符除了=和+=之外，还有 -=、*=、/=、%=等，由赋值运算符将一个变量和一个表达式连接起来的式子，称为**赋值表达式**。它的一般形式如下：

<变量><赋值运算符><表达式>

如：a=1

赋值运算与复合赋值运算的结合性是自右至左。

例：已知 x=10，则 x+=x-=20 的值。

求解过程：先计算 x-=20 求得：x=x-20 ，　　　　x=-10

　　　　　　然后计算 x+=-10 求得：x=x+(-10)，最后 x=-20

　　　　　　整个表达式的值为-20

如果赋值运算符两边的数据类型不相同，系统将自动进行类型转换，即把赋值号右边的类型换成左边的类型。具体规定如下。

（1）实型赋予整型，舍去小数部分。

（2）整型赋予实型，数值不变，但将以浮点形式存放，即增加小数部分（小数部分的值为 0）。

（3）字符型赋予整型，由于字符型为一个字节，而整型为两个字节，故将字符的 ASCII 码值放到整型量的低 8 位中，高 8 位为 0。

（4）整型赋予字符型，只把低 8 位赋予字符量。

【例 2.5】 赋值运算中的类型转换。

```
源程序：
#include<stdio.h>
int main()
{
    int a,b=322;
    float x,y=8.88;
    char c1='k',c2;
    a=y;
    x=b;
    c2=b;
    printf("%d,%f,%c,",a,x,c2);
    a=c1;
    printf("%d ",a);
    return 0;
}
输出结果：8, 322.000000, b,107
```

本程序表明了上述赋值运算中类型转换的规则。a 为整型，赋予实型量 y 值 8.88 后，只取整数 8；x 为实型，赋予整型量 b 值 322 后，增加了小数部分；整型量 b 赋予 c2 后，取其低 8 位成为字符型（b 的低 8 位为 01000010，即十进制 66，按 ASCII 码对应于字符 b）；字符型量 c1 赋予 a 变为整型。

2.2.3 算术运算符和算术表达式

基本的算术运算包括加、减、乘、除、取余。对应的**算术运算符**有+、-、*、/、%。

　　用算术运算符和括号将运算对象连接起来并符合C语言语法规则的式子称为**算数表达式**，如a*b/c-1.5+'a'。

注意

　　（1）在除法运算中，如果两整数相除，得出的结果是整数，小数部分舍去，如10/3的结果是3；取余运算符"%"，又称为取模运算符，要求"%"的两侧必须为整型数，它的作用是取两个整型数相除的余数，余数的符号与被除数的符号相同。例如，21%8的结果是5，-17%5的结果是-2，17%-5的结果是2。

　　（2）C语言算术表达式的乘号（*）不能省略。例如：数学式b2-4ac，相应的C表达式应该写成：b*b-4*a*c。

　　（3）C语言表达式中只能出现字符集允许的字符。例如，数学式πr^2相应的C表达式应该写成：PI*r*r。（其中PI是已经定义的符号常量）。

　　（4）分子分母是表达式时均需加括号，例如：(a+b)/(c+d)。

　　（5）C语言算术表达式只使用圆括号改变运算的优先顺序（不要用{}[]），可以使用多层圆括号，此时左右括号必须配对，运算时从内层括号开始，由内向外依次计算表达式的值。

　　（6）算数运算符的结合方向从右向左。

　　（7）算数运算符的优先级：先乘除，后加减。

2.2.4 关系运算符和关系表达式

　　在C语言中，关系运算就是比较运算。对两个操作数进行比较，如用x<100，比较x和100的大小，这是一种关系运算；再如，用x+y<=100比较x与y相加后的结果与100的大小，这也是一种关系运算。关系运算的结果是"真"或"假"。例如x+y<=100中，若x的值是58，y的值是30，该式成立，结果为"真"（非0）；若x的值是89，y的值是30，该式不成立，结果为"假"（0）。

　　（1）C语言共提供了6种关系运算符，如下所示。

运算符

① <　　小于　　　　　　　　　　　　④ >=　　大于或等于

② <=　　小于或等于　　　　　　　　　⑤ =　　　等于

③ >　　大于　　　　　　　　　　　　⑥ !=　　不等于

优先级

① 关系运算符中前4个优先级相同，后两个也相同，且前4个高于后两个。

② 关系运算符的优先级低于算术运算符，但是高于赋值运算符。

例如：

a<=b!=c　　　　等价于(a<=b)!=c;　　　　"<="优先级高于"!="。

c=a*b　　　　　等价于c=（a*b）;　　　　关系运算符的优先级低于算术运算符。

a=b<c　　　　　等价于a=(b<c);　　　　关系运算符的优先级高于赋值运算符。

　　（2）关系表达式。

关系表达式的概念

　　用关系运算符将两个表达式（可以是算术表达式、关系表达式、逻辑表达式、赋值表达式等）连接起来的式子，称为关系表达式。

关系表达式的值

关系表达式的值是一个逻辑值，即"真"或"假"。C 语言没有逻辑型数据，以整数 1 代表"真"，以整数 0 代表"假"。

例如：n1=6，n2=3，n3=5，则：

① (n1>n2)*n3=5　　/* n1>n2 为逻辑真，即 1，1*n3 的值为 5。*/

② n1>n2>n3=0　　　/*n1>n2 为逻辑真 1，1>n3 为逻辑假，表达式不成立。*/

③ n1+n2>=n1/n3=1　/*等价于(n1+n2)>=（n1/n3），表达式成立。*/

2.2.5　逻辑运算符和逻辑表达式

C 提供的逻辑运算符可以将简单的条件组合成复杂的条件。当我们需要处理的情况比较复杂时，就需要用逻辑运算符和逻辑表达式。比如判断一个小写的字母，在'a'-'z'之间，就需要用 ch>='a'并且 ch<='z'来表示；并且在这里就可以用逻辑与来表达，即 ch>='a'&&ch<='z'。

C 语言提供了 3 种逻辑运算符，如表 2-2 所示。

表2-2　　　　　　　　　　　　　　　　逻辑运算符

目　数	单　目	双　目	
运算符	!	&&	‖
名称	逻辑非	逻辑与	逻辑或

1．运算规则

（1）a&&b：当且仅当 a 和 b 都为非 0 值为 1，否则为 0。

（2）a‖b：当且仅当 a 和 b 都为 0 值为 0，否则为 1。

（3）!a：其值和 a 的值相反。

C 提供的逻辑运算符可以将简单的条件组合成复杂的条件。

2．逻辑表达式一般形式

<表达式> 逻辑运算符 <表达式>

例如：

（1）(x>=0) && (x<10)

（2）(x<1) ‖ (x>5)

（3）! (x= =0)

（4）(year%4==0)&&(year%100!=0)‖(year%400==0)

3．逻辑运算符的运算优先级

（1）逻辑非优先级最高，逻辑与次之，逻辑或最低。

即：!（非）→&&（与）→ ‖（或）

（2）与其他种类运算符的优先关系：

! → 算术运算 → 关系运算 → &&→‖→ 赋值运算

温馨提示　　逻辑运算符的运算为短路运算，即在&&左边值为 0 时不再计算右边，‖ 左边值为 1 时，不再计算右边。

2.2.6　随机数产生函数

C 语言提供的头文件 stdlib.h 说明了随机数产生函数 rand()，用户调用此函数，能返回一个 0 ~ 2147483647 之间的随机值。

【例 2.6】　产生两个随机数 x 和 y，并输出。

```
源程序：
#include<stdio.h>
#include<stdlib.h>
main()
{
  int x,y;
  x=rand();
  y=rand();
  printf("x=%d,y=%d",x,y );
}
```

运行结果是 x=41，y=18467，当此程序再次执行时，x 和 y 的值仍然是它们。若要多次执行时，其值不同，需要调用函数 srand()。

srand()函数功能是用于重新设定 rand()函数使用的种子。随机函数 rand()生成随机数的随机数种子由函数 srand()设定。随机数的种子不同，由 rand()函数产生的随机数序列也不相同。

为了让程序每次运行产生的随机数不同，必须设置不同的随机数种子，用依赖于时间的值设定随机数种子，是最简单、最有效的方法之一。时间函数 time()在系统头文件 time.h 中声明。time()函数将从 1970 年 1 月 1 日 00.00.00 到当前时间所经过的秒数存储到实参指向的变量。即 srand(time(long * timer))即可完成每次产生不同的随机数。对于初学者，我们先取 long *timer 为 NULL，NULL 这个符号常量的说明在系统文件 stdio.h 中，可以用 srand(time(null))设定不同的随机数种子。这样例 2.6 就可以修改如下。

```
#include<stdio.h>
#include<stdlib.h>
#include<time.h>
main()
{
  int x,y;
  srand(time(NULL));
  x=rand();
  y=rand();
  printf("x=%d,y=%d",x,y );
  return 0;
}
```

2.2.7　程序解析

【例 2.7】　编程实现，随机给出一道随机产生 0 ~ 99 以内两个数的加法运算测试题。

在该例中，要用随机数，随机产生 100 以内的数用函数 rand()%99 实现，赋值给两个变量，然后进行加法运算，输出和。

程序代码如下。

```
#include "stdio.h"
#include "stdlib.h"
#include "time.h"
int main()
```

```
{
  int x,y,z;
  srand(time(NULL));
  x=rand()%99;
  y=rand()%99;
  z=x+y;
printf("%d+%d=%d",x,y,z);
return 0;
}
```

2.3　特殊运算符和表达式

2.3.1　自增、自减运算符

C 语言中除了基本运算符外，还包括两个特殊的算术运算符：自增（++）、自减（-）运算符。两个都是单目运算符，作用是使运算对象的值增 1 或减 1。它们既可以作前缀运算符（位于运算对象的前面），例如++i 和-i，也可以作后缀运算符（位于运算对象的后面），例如 i++ 和 i-。

使用自增或自减运算符，应注意以下几个问题。

（1）++i，-i（前置运算）：先使变量 i 的值增加 1 或减去 1，再引用变量的值参与其他运算。

（2）i++，i--（后置运算）：先引用变量 i 的值参与运算，再使变量的值增加 1 或减去 1。

（3）自增、减运算符只用于整型或者字符型变量，而不能用于常量或表达式。

例如：6++,(a+b)++，(-i)++都是不合法的。

（4）++、--的结合方向是"自右向左"，例如：-i++相当于- (i++)。

（5）自增、自减运算符常用于循环语句中，使循环变量自动加 1，也用于指针变量，使指针指向下一个地址。

【例 2.8】　自增、自减运算符的使用。

源程序：

```
#include "stdio.h"
int main()
{
  int i,x,y;
  i=5;
  x=i++;                  /* 后缀运算，先把 i 的值赋给 x,然后 i 的值加 1*/
  printf("i=%d,x=%d\n",i,x);
  i=5;
  y=++i;                  /* 前缀运算，先使 i 的值加 1,然后将 i 的值赋给 y*/
  printf("i=%d,y=%d",i,y);
  return 0;
}
输出结果：i=6,x=5
         i=6,y=6
```

2.3.2　逗号运算符和逗号表达式

C 语言提供一种特殊的运算符——逗号（,）。用它将两个或多个表达式连接起来，表示顺序求值（顺序处理）。用逗号运算符连接起来的表达式称为逗号表达式。

例如：3+5,6+8

逗号表达式的一般形式：表达式 1，表达式 2,...表达式 *n*

逗号表达式的求解过程是：自左向右，求解表达式 1，求解表达式 2,...,求解表达式 *n*。整个逗号表达式的值是表达式 *n* 的值。

例如：x=(a=3,b=5,c=b*4)

该表达式是一个赋值表达式，它是将"="右边括号内逗号表达式的值赋给左边的变量 *x*，括号内逗号表达式的值为 20，所以 *x* 被赋值为 20。

逗号运算符的优先级最低。例如，若将上述表达式中的括号去掉，写成下面的形式：

x=a=3,b=5,c=b*4

该表达式为一个逗号表达式，它由 3 个赋值表达式组成，该逗号表达式的值为 20，而变量 *x* 被赋值为 3。

2.3.3　条件运算符和条件表达式

条件运算符是 C 语言中唯一的一个三目运算符。由问号"？"和"："两个字符组成，用于连接 3 个运算对象。

用条件运算符"？"和"："组成的表达式称为条件表达式。其中运算对象可以是合法的算数、关系、赋值等各种类型的表达式。

条件表达式的形式如下：

表达式 1？表达式 2：表达式 3

运算规则：当"表达式 1"的值为非零时，求出"表达式 2"的值，此时"表达式 2"的值就是整个条件表达式的值；当"表达式 1"的值为零时，则求"表达式 3"的值，把"表达式 3"的值作为整个条件表达式的值。

例如，已知 *a*=5，*b*=7，执行表达式 a>b?a：b 后，条件表达式的值为 7。

条件运算符的结合方向为自右至左，且优先级高于赋值运算，但低于逻辑运算、关系运算和算术运算。

例如，求表达式 y=x>1?1：0 的值。

由于赋值运算符的优先级低于条件运算符，因此首先求出条件表达式的值，然后赋给 y。在条件表达式中，先求出 x>1 的值。若 *x* 大于 1，取 1 作为表达式的值并赋给变量 *y*；若 *x* 的值小于等于 1，则取 0 作为表达式的值赋给变量 *y*。

2.3.4　位运算符

C 提供的位运算符如表 2-3 所示。

表 2-3　　　　　　　　　　　　　位运算符

位运算符	含义	位运算符	含义
&	按位于	~	取反
|	按位或	<<	左移
^	按位异或	>>	右移

（1）位运算符除"~"以外，均为二目运算符，即要求两侧各有一个操作数。

（2）操作数只能是整型（包括 int、short int、unsigned int 和 long int）或字符型的数据，不能为实型数据。

下面对 6 种运算符做简单的介绍。

（1）按位与（&）。

按位与操作的作用是将两个操作数对应的每一位分别进行逻辑与操作。参加运算的两个操作数，如果两个对应的位都为 1，则该位的结果值为 1，否则为 0。

例如：9&5=1　即两个二进制数　1001&0101 = 0001

（2）按位或（|）。

按位或操作的作用是将两个操作数对应的每一位分别进行逻辑或操作，只要两个对应位中有一个为 1，则结果的该位值为 1；只有当两个对应位的值均为零时，结果的该位值才为 0。

例如：9|5=13 即两个二进制　1001|1101 = 1101

（3）按位异或（^）。

按位异或操作的作用是将两个操作数对应的每一位分别进行异或，具体运算规则：若对应位相同，则该位的运算结果为 0；若对应位不同，则该位的运算结果为 1。

例如：9^5=12 即两个二进制　1001^1101 = 1100

（4）按位取反（~）。

"~"是一个单目运算符，只有一个操作数。该运算符的作用是将这个操作数的各位取反。

例如：~9 =65526

（5）左移（<<）。

左移运算符有两个操作数，运算符左边的操作数按运算符右边的操作数给定的数值向左移若干位，从左边移出去的高位部分被丢弃，右边空出的低位部分补零。

例如：a=3；　　a<<4；||即将变量 a 中的二进制数　11 左移 4 位，变为二进制数 110000。即 a 的值由 3 变为 48，扩大为原来的 2^4 倍。

（6）右移（>>）。

右移运算符有两个操作数，运算符左边的操作数按运算符右边的操作数给定的数值向右移若干位，从右边移出去的低位部分被丢弃，对无符号数来讲，左边空出的高位部分补零，对有符号数来讲，若符号位为 0（正数），则左边空出的高位部分补零，若符号位为 1（负数），空出的高位部分的补法与所使用的计算机系统有关，有的计算机系统补 0，称为逻辑右移，有的计算机系统补 1，称为算术右移。

例如：a=15；a>>2；||即将变量 a 中的二进制 1111 右移 2 倍，变为二进制数 11。即 a 的值由 15 变为 3 倍。

2.4　类型转换

不同类型的数据（整型、实型、字符型）可以进行混合运算，在进行运算时，不同类型的数据先转换成同一类型，然后进行计算，转换的方法有两种：自动转换（隐式转换），强制转换。

2.4.1 自动类型转换

自动转换（隐式转换）：发生在不同类型数据进行混合运算时，由编译系统自动完成。转换规则如图 2-2 所示。

图 2-2 中横向向左的箭头表示必定的转换。如字符数据参与运算必定转化为整数，float 型数据在运算时一律先转换为双精度型，以提高运算精度（即使是两个 float 型数据相加，也先都转换为 double 型，然后再相加）。

图 2-2 中纵向的箭头表示当运算对象为不同类型时转换的方向。如 int 型与 double 型数据进行运算，先将 int 型的数据转换成 double 型，然后在两个同类型数据间进行运算，结果为 double 型。

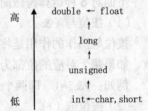

图 2-2 数据间的自动转换规则

【例 2.9】 数据混合运算。

源程序：

```c
#include "stdio.h"
int main()
{
  int i;
  float x,y;
  char c;
  i=2; x=3.0; c='a';
  y=2.0+i*c+x;
  printf("y=%f\n",y);
  return 0;
 }
```

程序运行结果是：y=199.000000

说明：

（1）语句 "y=2.0+i*c+x;" 中有 int、float、char 3 种类型的数据，它们可以混合运算，运算时将按照上面所述规则进行，"a" 字符将以 ASCII 代码值 97 与变量 i 相乘得 199，然后将 199 转换成实型数据参与后面的相加运算。

（2）赋值运算，如果赋值号 "=" 两边的数据类型不同，赋值号右边的类型转换为左边的类型。

2.4.2 强制类型转换

强制转换是通过类型转换运算来实现。

一般形式：（类型说明符）表达式

功能：把表达式的结果强制转换为类型说明符所表示的类型。

例如：

(int)a   将 a 的结果强制转换为整型量。

(int)(x+y)   将 x+y 的结果强制转换为整型量。

(float)a+b 将 a 的内容强制转换为浮点数，再与 b 相加。

说明：

（1）类型说明和表达式都需要加括号（单个变量可以不加括号），如把 (int)(x+y) 写成 (int)x+y，则成了把 x 转换成 int 型之后再与 y 相加。

（2）无论是强制转换或是自动转换，都只是为了本次运算的需要，而对变量的数据长度进行的临时性转换，并不改变数据说明时对该变量定义的类型。

【例 2.10】　数据类型的强制转换。

源程序：

```c
#include "stdio.h"
int main()
{
    float f=5.75;
    printf("(int)f=%d,f=%f\n",(int)f,f);
    return 0;
}
```

输出结果: (int)f=5, f=5.750000

温馨提示　　　本例中，f 虽强制转为 int 型，但只在运算中起作用，是临时的，而 f 本身的类型并不变。因此，(int)f 的值为 5（删去了小数），而 f 的值仍为 5.750000。

2.5　基本的输入输出函数

2.5.1　案例描述

（1）提出问题：从键盘上输入输出任意类型的多个数据，设计简易加法器。要求用户在程序运行中能够通过输入设备输入数据。以输入整形数据来测试案例。

（2）该案例执行后的界面如图 2-3 所示。

（3）涉及的知识点：库函数和头文件，不同类型数据的输入输出函数。

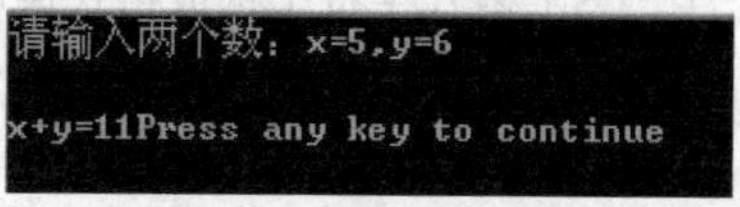

请输入两个数: x=5,y=6

x+y=11Press any key to continue

图 2-3　案例执行后结果

2.5.2　输出函数 printf( )

在程序运行过程中，需要在计算机与用户之间进行一些交互操作，比如，用户通过输入设备输入某种类型的数据供程序使用，计算机也将运行结果通过输出设备反馈给用户。有些高级程序设计语言提供了专门的输入/输出语句，但在 C 语言中，输入/输出功能是由一些函数实现的。这些函数是由编译系统提供，放在函数库（.lib）文件中，用户可以直接调用这些函数完成相应的功能。但需要使用一个函数时，应先通知系统中该函数所在的函数库，这是通过包含头文件的方式来实现的。

编译系统把提供的大量系统函数放在了函数库（.lib）中，而把系统函数的说明放在了 21 个头文件中。用户用到某个头文件，就用文件包含命令把它们插入到源程序中，其使用形式有两种：

　　　#include<头文件名>　　如 #include <stdio.h>

或

　　　#include "头文件名" 如 #include "stdio.h"。

常用的头文件和常用系统函数见附录。

上述案例是计算机将程序运行结果通过输出设备显示出来，这一功能由标准的输入/输出头文件 stdio.h 中说明的 printf( ) 函数来完成。

printf( )函数的基本格式：printf(格式控制字符串，变量名表);

函数参数包括两部分，如下所述。

（1）"格式控制字符串"是用双引号括起来的字符串，也称"转换控制字符串"，它指定输出数据项的类型和格式。这些字符串包括 3 种信息。

① 格式说明项：由"%"和格式字符组成，如%d,%f 等。格式说明总是由"%"字符开始，到格式字符终止。它的作用是将输出的数据项转换为指定的格式输出。输出表列中的每个数据项对应一个格式说明项。如图 2-4 所示。

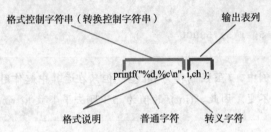

图 2-4　格式输出函数说明

② 转义字符：由"\"引起的字符，如"\n"。

③ 普通字符：即需要原样输出的字符，如例子中的逗号。

（2）"输出表列"是需要输出的一些数据项，可以是表达式。

例如：假如 i=3,ch= 'a '，那么 "printf("%d, %c\n ",i,ch);" 输出 3,a。其中 "%d" 和 "%c" 是格式说明，表示输出整数和字符，分别对应变量 i,ch，","是普通字符，原样输出。

（3）格式字符（构成格式说明项）。

对于不同类型的数据项应当使用不同的格式字符构成格式说明项。常用的格式字符如表 2-4 所示。

表 2-4　　　　　　　　　　　格式字符表

类　型	说　明	类　型	说　明
d, i	带符号十进制整数	c	字符
o	八进制无符号整数	s	输出字符串
x	十六进制无符号整数（小写字母 a ~ f）	f	十进制小数
X	十六进制无符号整数（大写字母 A ~ F）	e	十进制指数（小写 e）
u	无符号十进制整数	E	十进制指数（大写 E）
g	选用%f 或%e 格式中输出宽度较短的一个格式，不输出无意义的 0		

在格式说明中，%和上述格式字符之间可以插入如表 2-5 所示附加字符。

表 2-5　　　　　　　　　　　printf 函数附加字符表

字　符	说　明
字母 l	用于长整型，可加在格式字符 d,o,x,u 之前
m（代表一个正整数）	数据最小宽度
.n*（代表一个正整数)	对实数，表示输出 n 位小数；对字符串，表示截取的字符个数
-	输出的数字或字符在域内向左靠

格式控制说明和变量名应该在类型、个数、顺序上保持一致。

【例 2.11】　输出指定宽度的整型变量的值。

源程序：

```c
#include "stdio.h"
int main()
{
  int a=123,b=12345;
  printf("%5d,%10d",a,b);
  return 0;
}
```

输出结果：　123,　　　12345

温馨提示

（1）%m.nf 指定输出浮点型数据保留 n 位小数，且输出宽度是 m（包括符号位和小数点）。若数据的实际位数小于 m，则左端补空格，若大于 m，则按实际位数输出。

（2）%-m.nf 指定输出浮点型数据保留 n 位小数，且输出宽度是 m（包括符号位和小数点）。若数据的实际位数小于 m，则右端补空格，若大于 m，则按实际位数输出。

【例 2.12】　输出指定宽度和小数位数的浮点型变量的值。

源程序：

```c
#include "stdio.h"
int main()
{
  float x=12.345;              /*定义变量 x 为单精度型，并赋值为 12.345*/
  double y=123.123456789;    /*定义变量 y 为双精度型，并赋值为 12.123456789*/
  printf("x=%7.2f,y=%7.5lf",x,y);
/*输出 x 和 y 值，并且指定输出数据占 7 列，分别保留 2 位和 5 位小数*/
  return 0;
}
```

输出结果为：

```
x=  12.35,y=123.12346
```

（4）使用 printf 函数的几点说明如下。

① 除了 x,e,g 外，其他格式字符必须用小写字母。如%d 不能写成%D。

② 格式符以%开头，以上述几个格式字符结束。中间可以插入附加格式字符。

③ 如果想输出字符%，则应当在"格式控制"字符串中用两个%表示。

注意

输出长整形数据时，要用%ld，输出双精度数据时，要用%lf。

2.5.3　输入函数 scanf()

标准函数 scanf 是 C 语言提供的格式输入函数，它的一般格式是：

格式：scanf("格式控制",地址列表);

功能：按照指定的格式从键盘读入数据，存入地址列表指定的存储单元中，并按回车键结束。

返回值：正常时返回输入数据的个数，遇文件结束返回 EOF；出错返回 0。

说明：

（1）格式控制字符串。

格式控制字符串包含两部分：格式控制字符和普通字符。格式字符有 d、o、x、u、c、s、f、e 等几种，其作用与 printf 函数中的相似，只不过后者是用于输出，前者是用于输入。

（2）地址列表。

地址列表是由若干个地址组成的列表，可以是变量的地址、字符串的首地址、指针变量等，各地址之间用逗号分隔。

变量的地址用取地址运算符"&"获得。

（3）输入数据分隔符。

当输入多个数值型数据时，数据之间需要用分隔符，分为两种情况：

默认分隔符：以空格、Tab 或回车键作为分隔符。

其他字符作为分隔符，即格式控制字符中的普通字符，需原样输入。

当输入字符型数据时，数据之间不用分隔符，因为像空格，逗号，回车符都算字符。

【例 2.13】 用 scanf 函数输入多个数据。

```
#include "stdio.h"
int main()
{
    int a,b,c;
    scanf("%d%d%d",&a,&b,&c);
    printf("a=%d,b=%d, c=%d",a,b,c);
    return 0;
}
```

前面我们说了，输入多个数据时，可以用空格键、回车键或 TAB 键作分隔符进行分隔，故：

```
5 6 7<回车>
```

或者 5<回车>

```
6<回车>
7<回车>
```

或者 5<tab> 6<tab> 7<回车>

这三种输入方法都可以，输出结果是 a=5,b=6,c=7

但是如果 scanf 的双引号里有","、":"、";"、" "（空格）、"a="等的普通字符，我们在输入的时候一定要原样输入，否则可能会发生严重的错误。

【例 2.14】

```
#include "stdio.h"
int main()
{
  int a,b,c;
  scanf("a=%d;b=%d;c=%d",&a,&b,&c);
  printf("a=%d,b=%d, c=%d",a,b,c);
  return 0;
}
```

这里，输入时就应该为 a=5;b=6;c=7<回车>。

格式控制的含义与 printf 类似，它指定输入数据项的类型和格式。必须用双引号括起，其内容由格式说明和普通字符两部分组成。常用的 scanf 函数格式控制符如表 2-6 所示。

表 2-6	格式字符表
格式	字符意义
d	输入十进制整数
o	输入八进制整数
x	输入十六进制整数
u	输入无符号十进制整数
f 或 e	输入实型数 (用小数形式或指数形式)
c	输入单个字符
s	输入字符串

【例 2.15】 各种类型数据的输入。

源程序:

```c
#include<stdio.h>
main()
{
  int a=100;
  long int b;
  char ch;
  float f;
  double g;
  printf("请输入一个字符，一个十进制长整数，一个单精度和一个双精度浮点数：");
  scanf("%c%ld%f%lf",&ch,&b,&f,&g);
  printf("十进制数%d对应的八进制数是：%o,对应的十六进制数是：%x\n",a,a,a);
  printf("b=%ld,ch=%c,f=%f,g=%f\n",b,ch,f,g);
  }
```

程序运行结果如下。

请分别输入一个字符，一个十进制长整数，一个单精度和一个双精度浮点数：

```
e
12345678
3.14
345.67855
(或 e 12345678 3.14 345.67855)
```

十进制数 100 对应的八进制数是 144，对应的十六进制数是 64。

```
b=12345678,ch=e,f=3.140000,g=345.678550
```

输入数据时，在格式控制说明中，是可以有逗号、空格等作为输入分隔符的，但在程序运行输入时，也要在输入的数据间用相应的分隔符。例如：

```c
scanf("%c,%ld,%f,%lf",&ch,&b,&f,&g);
```

则在程序运行时，要按如下格式输入：

```
e,12345678,3.14,345.67855
```

（1）输入函数 scanf() 不能提前确定精度，如：scanf("%2.3f",&a) 是错误的。

（2）输入双精度数据时，格式控制符要用 %ld。

2.5.4 程序解析

应用 scanf()函数输入两个数，求其和。

【例 2.16】 设计简易加法器。

具体代码实现如下。

```c
#include "stdio.h"
int main()
{
    int x,y,sum;
    printf("请输入两个数: ");
    scanf("x=%d,y=%d",&x,&y);
    sum=x+y;
    printf("\nx+y=%d",sum);
    return 0;
}
```

2.6 常用数学库函数

C 语言处理系统提供了许多事先编好的函数，即库函数，供用户在编程时调用，但必须在相应的系统头文件中说明。用户在调用库函数时，一定要用#include 命令将相应的头文件包含到源程序中。例如，调用输入/输出函数，要在源程序中引入#include<stdio.h>，本节介绍常用的数学库函数，则需引入#include<math.h>。

常用的数学库函数包括如下各项。

绝对值函数 fabs(a)。计算$|a|$，如 fabs(—23.456)的值为 23.456。

平方根函数 sqrt(a)。计算$\sqrt{a}$，如 sqrt(64.0)的值为 8.0。

幂函数 pow(a,n)。计算a^n，如 pow(1.5,2)的值为 2.25（即 1.5^2）。

指数函数 exp（x）。计算e^x，如 exp(2.3)的值为 9.974182。

以 e 为底的对数函数 log(x)。计算 ln$x$，如 log(123.45)的值为 4.815836。

三角正弦值函数 sin(x)。计算 x 的三角正弦值，其中 x 用弧度表示。

三角余弦值函数 cos(x)。计算 x 的三角余弦值，其中 x 用弧度表示。

三角正切值函数 tan(x)。计算 x 的三角正切值，其中 x 用弧度表示。

具体的其他数学函数请参加附录 4。

【例 2.17】 计算银行存款的本息。输入存款金额 money、存期 year 和年利率 rate，根据下列公式计算存款到期时的本息合计 sum（税前），输出时保留两位小数。

问题分析：该问题主要分以下 3 步。

第一步：输入 3 个变量的值分别是整型变量 money 和 year，浮点型变量 rate。

第二步：利用头文件 math.h 中的数学函数 pow( )计算本息合计，计算公式为：sum=money*pow((1+rate),year)。

第三步：输出变量 sum 的值，保留两位小数。

具体代码如下。

```c
#include"stdio.h"
#include"math.h"
```

```
int main()
{
  int money,year;
  double rate,sum;
  printf("enter money:");
  scanf("%d",&money);
  printf("enter year:");
  scanf("%d",&year);
  printf("enter rate:");
  scanf("%lf",&rate);
  sum=money*pow((1+rate),year);
  printf("sum=%.2f\n",sum);
  return 0;
}
```

运行结果：

```
enter money:5000
enter year:3
enter rate:0.03
sum=5463.64
```

2.7 顺序结构程序设计

C 语言是一种结构化程序设计语言，结构化程序设计能够使得程序结构清晰、易读性强，并能提高程序设计的质量和效率。结构化的程序由若干个基本结构组成，每个基本结构可以包含一个或若干个语句。程序的基本结构有 3 种：顺序结构、选择结构、循环结构。

顺序结构程序是最简单、最基本的程序设计，它由简单的语句组成，程序的执行是按照程序员书写的顺序进行的，没有分支、转移、循环，且每条语句都将被执行。顺序结构的程序是从上到下依次执行的，其执行流程如图 2-5 所示，先执行 A 操作，再顺序执行 B 操作。

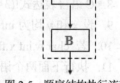

图 2-5 顺序结构执行流程图

【例 2.18】 输入三角形的三边长，求三角形面积。（假设输入三边长能构成三角形）。

设 a,b,c 为三角形边长，面积 area= sqrt(s*(s-a)*(s-b)*(s-c))，其中 s=(a+b+c)/2。

程序代码如下：

```
#include "stdio.h"
#include "math.h"
int main()
{
float a,b,c,s,area;
printf("请输入三角形三条边：");
scanf("%f,%f,%f",&a,&b,&c);
s=(a+b+c)/2;
area=sqrt(s*(s-a)*(s-b)*(s-c));
printf("三角形的面积为%f",area);
}
```

本例中要先输入 a，b，c 的值，才能计算出 s 的值，然后根据面积公式求出 area，最后输出 area。

2.8 小　　结

本章主要讲述 C 语言的常量与变量、数据类型、运算符、表达式以及基本输入/输出函数，要掌握这些知识的语法格式以及功能。对于各种类型数据的输入/输出格式、自增和自减运算符、运算符的优先级和结合性等难点内容要仔细思考，可以通过相应的例题分析和上机验证来加深对知识的理解掌握。

习　　题

一、填空题

1. 已知 i=5,写出 a=(a=i+1,a+2,a+3); 执行后整型变量 a 的值是_____。

2. 设 a,b,t 为整型变量，初值为 a=7,b=9，执行完语句 t=(a>b)?a:b 后，t 的值是_____。

3. 执行下列语句后，z 的值是_____。

   int x=4,y=25,z=5; z=y/x*z;

4. 设 x 的值为 15,n 的值为 2,则表达式 x%=(n+3) 运算后 x 的值是_____。

5. 已知 i=5.6;写出语句 a=(int)i; 执行后变量 i 的值是_____。

6. int a=1,b=2,c=3;　执行语句 a += b *= c;后 a 的值是_____。

7. C 语言源程序的基本单位是_____。

8. C 语言表达式!(3<6)||(4<9)的值是_____。

9. 设 x 和 y 均为 int 型变量，且 x=1,y=2，则表达式 1.0+x/y 的值为_____。

10. 若 char w,int x,float y,double z;则表达式 w*x+z-y 的结果为_____。

11. 执行下面两个语句，输出的结果是_____，char c1=97,c2=98;printf("%d %c",c1,c2);

12. 设 x=2.5,a=7,y=4.7，算术表达式 x+a%3*(int)(x+y)%2/4 的值为_____。

13. c 语言程序的 3 种基本结构是：顺序结构、选择结构_____ 结构。

二、判断题

1. 若有定义和语句：

int a;char c;float f;scanf("%d,%c,%f",&a,&c,&f);

若通过键盘输入：

10,A,12.5,则 a=10,c='A',f=12.5. '（　　　）

2. 若 i =3，则 printf("%d",-i++);输出的值为-4。（　　　）

3. a=(b=4)+(c=6) 是一个合法的赋值表达式。（　　　）

4. 语句 printf("%f%%",1.0/3);输出为 0.333333。（　　　）

5. 语句 scanf("%7.2f",&a);是一个合法的 scanf 函数。（　　　）

6. 若 a=3,b=2,c=1 则关系表达式"(a>b)==c" 的值为"真"。（　　　）

7. #define 和 printf 都不是 C 语句。（　　　）

三、程序设计题

1.
```c
#include "stdio.h"
int main()
  {
    _____;
    x = 3.5 ; y = 4.5;
    z = x+y;
    printf ("x =5.2%f,y = 5.2%f,x+y = 5.2%f", _____) ;
    return 0;

  }
```

2.
```c
#include "stdio.h"
int main()
    {
    float x. y; int z;
    x = 8.5 ; y = 3.6;
    z =____x%____y;
    printf (" %d", z);
    return 0;
    }
```

3.
```c
/_____/此处有空
#include "stdio.h"
int main()
    {
     int num ,total;
     num = 100
     total = num *PRICE
     printf ("total = %d", total );
    return 0;
}
```

四、改错题

1.
```c
#include "stdio.h"
int main()
  {
    int h = 5
    float  d s v
    d = 2*3.14*r
    s = 3.14*R*r
    v = s*h
    printf (d = %f  s = %f  v = %f,d s v)
    return 0;
}
```

2.
```c
 #include "stdio.h"
int main()

 { float  a, b, c, s, area
  printf("\na,b,c = ? ");
```

```
scanf("\%f, %f, %f, "&a, &b, &c);
s = 1/2.(a+b+c);
area = sgrt  s*(s-a)*(s+b)*(s-c);
printf ("%a = %f, b = %f, c=%f\n", a, b, c);
printf("area = %f" area);
return 0;

}
```

3.

```
#include "stdio.h"
int main()
   {
   char c1 , c2;
   C1 = "a"; C2 ="b";
   Printf ("%C,%C", c1, c2);
   return 0;
   }
```

4.

```
#include "stdio.h"
int main()
 {int a ;
  float x , y;
  unsigned u;
  a = 3 ; b = 32768;
  x =5 ; y = 7;
  u = 70000;
 printf ("a =%d, b =%d, x =%f, y =%f, u =%u", a, b, x, y, u);
 return 0;
   }
```

第3章
选择结构程序设计

学习目标

- 字符型数据的输入与输出；
- if....else 分支结构及 if 语句的嵌套；
- switch 分支结构。

重点难点

- 重点：字符型数据的输入与输出、if 语句及 if 语句的嵌套、switch 分支语句。
- 难点：if 语句的嵌套，switch 语句的执行流程。

3.1 显示输入的字母、数字或其他字符的 ASCII 码值

3.1.1 案例描述

（1）提出问题

显示输入的字母、数字或其他字符的 ASCII 码值，即完成从字符到 ASCII "码"的转换。

（2）程序运行结果如图 3-1 所示。

图 3-1 程序运行结果

（3）相关知识点：字符输入函数 getchar（ ）、if 语句、字符输出函数 putchar()。

3.1.2 字符输入和输出函数 getchar( )和 putchar( )

1. 字符输入函数 getchar( )

C 语言中并没有输入/输出的语句，输入/输出是通过调用编译系统提供的库函数实现的，在上一章中学习的 scanf（)函数及 printf（)函数是最常用的格式化输入/输出函数。此外，对单个字符的输入/输出还可以使用 getchar（)函数和 putchar（)函数。getchar（)函数的功能是从标准输入设备上接收一个且只能是一个字符，并将该字符返回为 getchar（)函数的值。它不带任何参数，通常将输

入的字符赋值给一个字符变量。

例如：char ch;

ch=getchar();

ch 为字符型变量，上述语句接收从键盘输入的一个字符，并将它赋给 ch。

【例 3.1】 输入一个字符，回显该字符并输出其 ASCII 码值。

```
#include "stdio.h"
int main()
{
int i;
i=getchar();
printf("%c: %d\n",i,i);
return 0;
 }
```

执行本程序时，按下字符【B】并回车后，显示结果如图 3-2 所示。

```
B
B: 66
Press any key to continue
```

图 3-2 程序运行界面

（1）getchar()函数只接受一个字符，而非一串字符。若输入一串字符，getchar()函数也只接受第一个字符。

（2）getchar()函数得到的字符可以赋给一个字符变量或整型变量，也可以不赋给任何变量，而是作为表达式的一部分。

2. 字符输出函数 putchar（ ）

将指定表达式的值所对应的字符输出到标准设备，每次只能输出一个字符。

格式：putchar(参数)

参数可以是字符型常量或变量，putchar()函数功能与 printf()函数中的%c 相当。

【例 3.2】 putchar 函数的应用。

```
#include"stdio.h"
int main()
{
char a='A';
putchar(a);
putchar('\n');
putchar('! ');
return 0;
 }
```

执行结果为：

```
A
 !
```

输出的数据只能是字符，不能是字符串。

3.1.3　字符串输入和输出函数 gets( )和 puts( )

gets( )和 puts( )函数是非格式化的输入输出函数,它可以由前面讲述的标准格式化输入输出函数代替,但这两个函数编译后代码少,占用内存小,从而能提高运行速度。

1. 字符串输入函数 gets( )

gets( )函数的功能是从标准输入设备（键盘）读取字符串直到回车结束,但回车不属于这个字符串。函数的调用格式为:

gets(str);

其中 str 为字符串数组名或者字符串指针,gets(str)函数与 scanf("%s", str)相似,但不完全相同,使用 scanf("%s", str);语句输入字符串时,如果用户输入了空格,系统会认为字符串输入结束,空格后的字符将作为下一个输入项处理。而 gets(str);语句输入字符串时,用户输入空格函数会继续接收直到遇到第一个回车为止。

【例 3.3】　gets( )函数的应用。

```
#include"stdio.h"
int main()
{
char a[20];
printf("please input your name:\n");
gets(a);                /*等待输入字符串直到回车结束*/
printf("%s",a);          /*将输入的字符串输出*/
return 0;
}
```

执行结果如图 3-3 所示。

图 3-3　程序运行结果

2. 字符串输入函数 puts( )

puts( )函数的功能是向标准输出设备上输出一串字符串并换行。函数的调用格式为:

puts(str);

其中 str 是字符串数组名或字符串指针,puts(str);语句的作用和 printf("%s",str);语句相同,它只能输出字符串,不能输入数值或者进行格式转换。

【例 3.4】　puts()函数的应用。

```
#include"stdio.h"
int main()
{
char a[20];
printf("please input your name:\n");
gets(a);                /*等待输入字符串直到回车结束*/
puts(a);                /*将输入的字符串输出*/
return 0;
}
```

执行结果如图 3-3 所示。

3.1.4　if 语句

if 语句是一种重要的程序流程控制语句，它根据对 if 语句所提供的条件（表达式的结果值）进行判断，检查所给定的条件是否满足（真/假），并根据条件结果的真/假使程序执行不同的语句。

if 语句一般有以下 3 种形式。

（1）单分支语句。

if(表达式)

语句组 1;

功能：如果表达式的值为真，则执行 if 后面的语句；否则，跳过该语句直接执行后面的语句。

【例 3.5】　输入两个整数，找出最大值。

```c
#include"stdio.h"
int main()
{
int a,b,max;
printf("please input two integers:\n");
scanf("%d%d",&a,&b);
max=a;
if(b>a)
  max=b;
printf("The max number is:%d\n",max);
return 0;
}
```

执行结果如图 3-4 所示。

图 3-4　程序运行结果

温馨提示　　当"表达式"的值非 0（即判定为"逻辑真"）时，则执行语句组 1，否则直接转向执行下一条语句。

（2）双分支语句。

if(表达式)

{语句组 1;}

else

{语句组 2;}

当表达式的值为真时执行的语句组 1，否则执行语句组 2。语句组可以是一条语句或一组语句，如果是一组语句，需要采用复合语句形式，用{ }将这组语句括起来。执行过程如图 3-5 所示。

图 3-5　执行过程 NS 结构图

（3）多分支语句。
if(表达式 1)
{语句组 1;}
else if（表达式 2）
{语句组 2;}
……
else if（表达式 n）
{语句组 n;}
else
 语句 n+1;

功能：首先判断表达式 1 的值，如果为真，则执行语句组 1，否则判断表达式 2 的值；如果表达式 2 为真，则执行语句组 2，否则判断表达式 3 的值；以此类推，若所有表达式都为假，则执行语句 n+1。

3.1.5　程序解析

前面学习了字符类型的输入函数 getchar()和输出函数 putchar()以及 if-else 语句等知识，现在可以实现输出字符 ASCII 码值的功能。

【例 3.6】　显示输入的字母、数字或其他字符的 ASCII 码值。

分析：首先可以通过 getchar()函数实现字符的输入，然后用多路分支 else if 语句和逻辑运算符判断，输入字符是属于英文字母（'a'-'z'、'A'-'Z'）、数字（'0'-'9'）还是其他字符。

程序如下：

```
#include"stdio.h"
int main()
{
    char ch;
    printf("请输入一个字符:");
    ch=getchar();
    if ((ch>='a'&&ch<='z')||(ch>='A'&&ch<='Z'))
        printf("你输入的字母的 ASCII 码是%d\n",ch);
    else if (ch>='0'&&ch<='9')
        printf("你输入的数字的 ASCII 码是%d\n",ch);
    else
        printf("你输入的键值的 ASCII 码是%d\n",ch);
```

```
        return 0;
}
```

练习 3-1　从键盘上输入 3 个整数，输出其最大值。

练习 3-2　对任意输入的 x，用下式计算并输出 y 的值。

$$y=\begin{cases} 5 & x<10 \\ 0 & x=10 \\ -5 & x>10 \end{cases}$$

3.2　销售提成问题

3.2.1　案例描述

（1）提出问题：企业发放的奖金是销售提成。销售（sale）与奖金提成（reward）的关系如下（计量单位：万元）：

sale≤100　　　　　　　没有提成；

100 < sale≤200　　　　提成 10%；

200 < sale≤500　　　　提成 15%；

sale>500　　　　　　　提成 20%。

键盘输入某员工的销售量，计算其应发放奖金数。

（2）程序运行结果如图 3-6 所示。

图 3-6　程序运行结果

（3）相关知识点：if 语句的嵌套。

案例解析：要计算销售提成，首先要判断销售额是否小于 100 万，若是则没有提成，否则要看是否小于 200 万，小于 200 万提成 10%，大于 200 万又要进一步判断是否小于 500 万，小于 500 万提成 15%，大于 500 万提成 20%。这种情况下要用到嵌套的 if 语句，也就是在 if else 语句中又要有 if 语句进行判断。

3.2.2　if 嵌套语句

在 3.1 节中我们介绍了 if else 语句，如果 if 语句中又包含一个或多个 if 语句的形式，称为 if 语句的嵌套。嵌套即可以出现在 if 句块中，也可以出现在 else 语句块中，一般形式如下：

```
if(表达式 1)
  if(表达式 2) 语句 1
  else  语句 2
else
  if(表达式 3)  语句 3
  else 语句 4
```

对于多重嵌套 if, 最容易出现的就是 if 与 else 的配对错误, 嵌套中的 if 与 else 的配对关系非常重要。配对原则为: 从最内层开始, else 总是与它上面最近的且未配对的 if 配对。如果 if 和 else 的数目不统一, 可以加 { } 将同一层次的语句部分括起来明确配对关系, 使得程序结构清楚。通常情况下, 在书写嵌套格式时采用 "向右缩进" 的形式, 以保证嵌套的层次结构分明。

3.2.3　程序解析

【例 3.7】　根据 3.2.1 小节中的问题描述, 编程计算销售提成。

源程序:

```
#include"stdio.h"
int main()
{
    float sale,reward;
    printf("请输入商品销售总额:");
    scanf("%f",&sale);
    if(sale<=100)  reward=0;
    else
        if(sale<=200) reward=sale*0.1;
        else
            if(sale<=500) reward=sale*0.15;
            else  reward=sale*0.2;
    printf("销售利润提成是%8.2f\n",reward);
    return 0;
}
```

温馨提示　当需处理的分支较多时, 则嵌套的 if 语句层数就会很多, 此时会导致程序冗长, 可读性降低。故 if 语句嵌套的层数不宜太多。在编程时, 应适当控制嵌套层数为 2～3 层。

练习 3-3　编程实现简易教师考核成绩评定系统。已知某高校年终对教师进行考核, 教师的成绩由下面几个部分组成: 教务处打分、督导组打分、学生评定分和同行评定分。其中教务处打分占总分的 10%, 督导组打分占总分 30%, 学生评定分占总分 50%, 同行评定分占 10%。各个单项取值的范围为 0～100。教师总分通过各部分得分总和评定考核等级。总分大于等于 90 分为 "优秀", 总分大于等于 70 分小于 90 分为 "合格", 总分小于 70 分为 "不合格"。

练习 3-4　输入一元二次方程的系数, 编程求其根。

3.3　学生成绩与等级

3.3.1　案例描述

（1）提出问题: 现在中小学中经常需要给出学生成绩等级而不是成绩, 所以需要根据学生百分制成绩求出成绩等级, 也就是用"A", "B", "C", "D", "E"5 个等级分别表示 "90 分及以上" "80-89 分" "70-79 分" "60-69 分" "60 分以下" 成绩。

（2）程序执行结果:

```
Please input score:67
```

```
Score is 67.00 and grade is D
```
（3）相关知识点：switch 语句。

3.3.2　switch 语句

采用 if...else if...语句格式实现多分支结构，实际上是将问题细化成多个层次，并对每个层次使用单、双分支结构的嵌套，采用这种方法一旦嵌套层次过多，将会造成编程、阅读、调试的困难。当某种算法要用某个变量或表达式单独测试每一个可能的整数值常量，然后做出相应的动作时，可以通过 C 语言提供的 switch 语句直接处理多分支选择结构。

一般格式：

```
switch(表达式){
    case 常量表达式 1：语句 1；
    case 常量表达式 2：语句 2；
    ...
    case 常量表达式 n：语句 n；
    default ：语句 n+1；
}
```

其中：

（1）switch 语句中的表达式通常为整型、字符型或枚举类型。

（2）case 后面的常量表达式，其类型应与表达式的数据类型相同。表示根据表达式计算的结果，可以在 case 的标号中找到，标号不允许重复，具有唯一性，所以，只能选中一个 case 标号。尽管标号的顺序可以是任意的，但从可读性角度而言，标号应按顺序排列。此外，如果常量类型是字符型，一定要用单引号括起来（如 'a'）。

（3）"语句" 是 switch 语句的执行部分。针对不同的 case 标号，语句的执行内容是不同的，每个语句允许由一条语句或多条语句组成，多条语句可以不用加花括号。

（4）break 是中断跳转语句，表示在完成相应的 case 标号规定的操作之后，不继续执行 switch 语句的剩余部分而直接跳出 switch 语句之外，继而执行 switch 结构后面的第一条语句，如果不在 switch 结构的 case 中使用 break 语句，程序就会接着执行下面的语句。

（5）default 用于处理所有 switch 结构的非法操作。当表达式的值与任何一个 case 都不匹配时，则执行 default 语句。

注意　　　尽管可以省略 default 语句，但是提供一条 default 语句可以对那些不满足条件的情况加以说明，从而防止有些条件被忽略测试。

switch 语句的执行过程如下。

（1）计算表达式的值。

（2）表达式的值依次与每一个 case 后的常量标号进行比较。如果与某个 case 标号相等，则执行该 case 标号后的语句；如果在语句执行之后有 break 语句，则立即退出 switch 结构，标志整个 switch 多分支选择结构处理结束。假设没有 break 语句，将无条件地执行下一条 case 语句（不需要对下一个 case 标号进行检查比较），也许是该语句后面的所有 case 语句。

（3）如果表达式的值与所有的 case 标号比较后没有找到与之匹配的标号，则做如下处理：若有 default 语句，则执行 default 语句后的结束多分支结构；若没有 default 语句，则不执行 switch

语句的任何语句，直接结束 switch 语句的执行。

【例 3.8】　编写一个程序，完成两个数的四则运算（数与运算符由键盘输入）。

```c
#include "stdio.h"
int main ()
{
    float x,y;
    char op;
    printf("\n Input your expression:");
    scanf("%f%c%f",&x,&op,&y);
    switch(op)
    {
    case '+':
        printf("%6.2f%c6.2f=%6.2f\n",x,op,y,x+y);
        break;
    case '-':
        printf("%6.2f%c6.2f=%6.2f\n",x,op,y,x- y);
        break;
    case '*':
        printf("%6.2f%c6.2f=%6.2f\n",x,op,y,x*y);
        break;
    case '/':
        if(y==0) printf("Error!\n");
        else printf("%6.2f%c6.2f=%6.2f\n",x,op,y,x/y);
        break;
    default: printf("Expression error!");
    }
    return 0;
}
```

程序运行结果：

```
Input your expression: 7+8
 7.00+ 8.00= 15.00
```

如果在一个 case 中不写 break 语句，程序将顺序执行 switch 结构的下一条语句，例如：

```c
int select=1;
switch(select)
{
    case 1: printf("The select value is 1 . \n");
    case 2:
        printf("The select value is 2 . \n");
        break;
}
```

当 select 的值为 1 时，程序的结果是：

```
The select value is 1 .
The select value is 2 .
```

case 1 不是以 break 语句结束的，程序不再进行标号的判断，直接执行了下一条语句。

那么是否最后一个 case 中的语句就可以省略 break 语句了？例如：

```c
int select=2;
switch(select)
{
    case 1: printf("The select value is 1 . \n");break;
    case 2:
        printf("The select value is 2 . \n");
}
```

当 select 的值为 2 时，程序的结果是：

```
The select value is 2 .
```

因为 case 2 在整个 switch 结构的最后，即使不使用 break 语句，也执行到程序的结束。但是，假如现在需要修改以下程序，例如：

```
int select=2;
switch(select)
{
    case 1: printf("The select value is 1 . \n");
    case 2: printf("The select value is 2 . \n");
    case 3: printf("The select value is 3 . \n");
}
```

当 select 的值为 2 时，程序的结果是：

```
The select value is 2 .
The select value is 3 .
```

原因在于 case 2 已经不是最后一条语句了。因此，除非特殊要求，否则应该对每一个分支（包括 default 语句）都加上 break 语句，以使流程能够结束 switch 结构。

注意　　　如果在 switch 结构的 case 中忘记使用 break 语句，将会导致程序结果的错误。

利用 switch 语句 case 中 break 语句的特点，可以实现多个 case 共用一组执行语句。当 switch 结构的多个 case 标号需要执行相同的语句，则可以采用下面的格式：

```
switch (i)
    {
        case 1:
        case 2:
        case 3:语句1;break;
        case 4:
        case 5: 语句2;break;
    }
```

当整型变量 i 的值为 1、2 或 3 时，执行语句 1；当整型变量 i 的值为 4、5 时执行语句 2；将几个标号列在一起，意味着这些条件具有一组相同的动作。

【例 3.9】 输入一个月份，输出 2015 年该月有多少天。

要判断输入的月份有多少天，就要知道该月是大是小，对于每一年而言，大月（1、3、5、7、8、10、12）有 31 天，小月（4、6、9、11）有 30 天。由于 2015 年不是闰年，所以 2 月份为 28 天。程序如下：

```
#include "stdio.h"
int main()
{
    int month;
    int day;
    printf("please input the month number: ");
    scanf("%d",&month);
    switch (month)
    {
        case 1:
        case 3:
        case 5:
```

```
        case 7:
        case 8:
        case 10:
        case 12:  day=31; break;
        case 4:
        case 6:
        case 9:
        case 11: day=30; break;
        case 2:  day=28; break;
        default: day=-1; break;
    }
    if (day == -1) printf("Invalid month input!\n");
    else printf("2015.%d has %d days\n",month,day);
    return 0;
}
```

这里引用了标记值-1，表示输入月份出错的情况。对标记值必须有所选择，使它能够区别要接受的正常的数据。因为每月的天数应该是非负整数，所以本例中可以采用负值-1 作为标记值。

3.3.3　程序解析

【例 3.10】　输入一个给定的百分数成绩，输出用相应的"A"，"B"，"C"，"D"，"E"表示等级成绩。程序如下：

```
# include "stdio.h "
int main()
{
    int e=0;
    float score;
    char grade;
    int temp;
    printf("Please input score:");
    scanf("%f",&score);
    if(score>100||score<0)
     {
    printf("\n Invalid score number!");
       e=1;
     }
    temp = (int)(score/10);
    switch(temp)
     {
     case 10:
     case 9:grade='A';break;
     case 8:grade='B';break;
     case 7:grade='C';break;
     case 6:grade='D';break;
     case 5:
     case 4:
     case 3:
     case 2:
     case 1:
     case 0:grade='E';
     }
     if(e==0)
        printf("Score is %6.2f and grade is %c\n", score, grade);
```

```
    return 0;
}
```

程序运行结果：

```
Please input score:67
Score is 67.00 and grade is D
```

3.4　小　结

本章主要内容有3点：字符、字符串的输入输出、if 语句与 switch 语句。

（1）字符、字符串的输入输出除了使用 scanf()、printf()函数外，还可以使用 c 语言提供的 putchar()、getchar()和 puts()、gets()函数。

（2）if 语句部分构造条件表达式是问题的关键。C 语言提供丰富的关系运算符、逻辑运算符来构造条件表达式。重点是如何使用关系运算符、逻辑运算符，将现实中的条件用 C 语言来表示，以及如何使用条件运算符实现分支结构程序设计。熟练掌握 if 语句的 3 种形式及 if 语句的嵌套。

（3）switch 语句部分讲解了如何使用 switch 语句实现多分支选择结构的程序设计，重点理解 case 语句的标号作用，及与 break 语句结合才能构成分支。

习　题

一、填空题

1. 以下程序的输出结果是＿＿＿＿。

```
#include"stdio.h"
int main()
{
    int i=2,j=3,k;
    k=i+j;
    {
        int k=8;
        if(i=3) printf("%d",k);
        else printf("%d",j);
    }
    printf("%d%d",i,k);
    return 0;
}
```

2. 若执行以下程序时从键盘上输入9，则输出结果是＿＿＿＿。

```
#include"stdio.h"
int main()
{
    int n;
    scanf("%d",&n);
    if(n++<10)  printf("%d\n",n);
    else  printf("%d\n",n--);
    return 0;
```

```
}
```

3. 当 *a*=1,*b*=3,*c*=5,*d*=4 时，执行下面一段程序后，*x* 的值为_____。

```
if(a<b)
if(c<d) x=1;
else
if (a<c)
if(b<d) x=2;
else x=3;
else x=6;
else x=7;
```

4. 若已定义 "int a=25,b=14,c=19;"，以下三目运算符（? :）所构成的语句的执行结果是_____。

```
a++<=25&&b--<=2&&c++?
printf("***a=%d,b=%d,c=%d\n",a,b,c):
printf("###a=%d,b=%d,c=%d\n",a,b,c);
```

5. C 语言用_____表示逻辑值 "真"，用_____表示逻辑值 "假"。

6. C 语言中逻辑运算符_____的优先级高于算术运算符。

7. 数学式|*x*|>4 改写成 C 语言的关系表达式或逻辑表达式为_____。

8. 当 *a*=1, *b*=2, *c*=3 时，以下 if 语句执行后，*a*,*b*,*c* 中的值分别为_____、_____、_____。

```
if(将 a>c)     b=a;a=c;c=b;
```

9. 以下程序的输出结果是_____。

```
#include"stdio.h"
int main()
{
int a=100;
 if(a>100)   printf("%d\n",a>100);
 else        printf("%d\n",a<=100);
return 0;

}
```

10. C 语言中的逻辑运算符按优先级别是_____、_____、_____。

二、选择题

1. 下列程序的输出结果是_____。

```
#include"stdio.h"
int main()
{
 if(2==3-1<=8!=4*3)
printf("true\n");
printf("false");
return 0;

}
```

A. true　　　　B. false　　　　C. true　　　　D. false
　　　　　　　　　　　　　　　　　false　　　　　　true

2. 以下哪个描述是不正确的? _____
A. 赋值语句与赋值表达式是不相同的　　B. 在 if 语句的表达式中不能有赋值语句
C. if((x=123)!=0)　　　　　　　　　　D. 在 if 语句的表达式中不能为赋值表达式

3. 对下面程序来说，说法正确的是_____。

    A. 有语法错误不能通过编译

    B. 输出***

    C. 可以通过编译，但是不能通过连接，不能运行

    D. 输出####

```
#include"stdio.h"
int main()
{
 int x=3,y=0,z=0;
  if(x=y+z)  printf("*****");
  else  printf("####");
 return 0;

}
```

4. 下面程序的输出结果是_____。

    A. 7   B. 6   C. 5   D. 4

```
#include"stdio.h"
int main()
{int m=5;
if(m++>5)  printf("%d\n",m);
else  printf("%d\n",m--);
 return 0;

}
```

5. 假定所有变量都已正确说明，下列程序段运行后 x 的值是_____。

    A. 34   B. 4   C. 35   D. 3

```
a=b=c=0;x=35;
if(!a)  x--;
else if(b);if(c)  x=3;
else x=4;
```

6. 下列运算符中优先级最高的运算符是_____。

    A. !   B. %   C. -=   D. &&

7. 设 a,b,c 都是 int 型变量，且 $a=3,b=4,c=5$，则以下表达式中，值为 0 的表达式是_____。

    A. a&&b   B. a<=b   C. a||b+c&&b-c   D. !((a<b)&&!c||1)

8. 以下程序的输出结果是_____。

    A. 0   B. 1   C. 2   D. 3

```
#include"stdio.h"
int main()
{ int a=2,b=-1,c=2;
if(a<b)
  if(b<0)  c=0;
else c+=1;
printf("%d\n",c);
return 0;
}
```

9. 为表示关系 x>=y>=z，应使用的 C 语言表达式是_____。

    A. (x>=y)&&(y>=z)   B. (x>=y)AND(y>=z)

    C. (x>=y>=z)   D. (x>=y)&(y>=z)

三、判断题

1. 条件表达式能完全取代一般的 if 语句。（　　　）
2. 赋值语句与赋值表达式没有区别。（　　　）
3. break 语句可以用于任何语句中。（　　　）

四、完成程序

1. 输入 3 个整数，分别放在变量 a、b、c 中，程序把输入的数据重新按由小到大的顺序放在变量 a、b、c 中，最后输出 a、b、c 的值。

```
#include"stdio.h"
int main()
{ int a,b,c,t;
    printf("input a,b,c: ");
    scanf("%d%d%d",&a,&b,&c);
    printf("a=%d,b=%d,c=%c\n",a,b,c);
    if____ {t=a;a=b;b=t;}
    if____ {t=a;a=c;c=t;}
    if____ {t=b;b=c;c=t;}
    printf("%d,%d,%d\n",a,b,c);
    return 0;
}
```

2. 输入一个数，判别它是否能被 3 整除；若能被 3 整除，打印 YES；否则打印 NO。

```
#include"stdio.h"
int main()
{
    int n;
    printf("input n: "):
    scanf("%d",&n);
    if(_____)
    printf("n=%d  YES\n",n);
    else printf("n=%d  NO\n",n);
    return 0;
}
```

3. 改正错误。输入两个不等的整数分别给 x 和 y，输出其中的大数。

```
#include"stdio.h"
int main()
{
    int x,y;
    printf("enter x,y: ");
    scanf("%d%d",x,y);
    printf("x,y:%d %d\n",x,y);
    if(x<=y)    printf("max=x=%d\n",x);
    else        printf("max=y=%d\n",y);
    printf("**end**\n");
    return 0;
}
```

五、程序设计题

1. 编制一个 C 程序，计算并输出下列分段函数值：（其中 x 由键盘输入。）

$$y=\begin{cases} x^2+2x-6 & x<0, x \neq -3 \\ x^2-5x+6 & 0 \leq x<10, x \neq 2,\ x \neq 3 \\ x^2-x-15 & x=-3, x=2, x=3, x \geq 10 \end{cases}$$

2. 编制一个 C 程序，从键盘输入整数 a 与 b，如果 $a^2+b^2>100$，则输出 a^2+b^2 百位以上的数字，否则输出两数之和。

3. 编制一个 C 程序，从键盘输入年和月，计算并输出这一年的这一月共有多少天。

4. 输入一个整数，打印它是奇数还是偶数。

5. 输入 3 个整数 x，y，z，请把这 3 个数由小到大输出。

提示：我们想办法把最小的数放到 x 上，先将 x 与 y 进行比较，如果 $x>y$，则将 x 与 y 的值进行交换，再用 x 与 z 进行比较，如果 $x>z$，则将 x 与 z 的值进行交换，这样能使 x 最小。

6. 给一个不多于 5 位的正整数，要求：求它是几位数；逆序打印出各位数字。

学会分解出每一位数。

7. 一个 5 位数，判断它是不是回文数。如回文数 12321，个位与万位相同，十位与千位相同。

8. 请输入星期几的第一个字母来判断一下是星期几，如果第一个字母一样，则继续判断第二个字母。

用 switch 语句比较好，如果第一个字母一样，则用 if 语句判断第二个字母。

9. 输入某年某月某日，判断这一天是这一年的第几天？

以 3 月 5 日为例，应该先把前两个月的加起来，再加上 5 天即本年的第几天，特殊情况，闰年且输入月份大于 3 时需考虑多加一天。

第 4 章
循环结构程序设计

学习目标

- 掌握 while 语句的书写格式和执行流程；
- 掌握 do_while 语句的书写格式和执行流程；
- 掌握 for 语句的书写格式和执行流程；
- 掌握 break、continue 语句的作用及其区别；
- 掌握多重循环的书写格式和执行流程；
- 了解 if-goto 语句构成的循环结构。

重点难点

- 重点：while 语句、do-while 语句、for 语句，break 语句和 continue 语句、循环嵌套。
- 难点：各类循环语句循环条件的设计和循环体的构造。

在现实世界中，许多问题的求解可归结为重复执行的操作，重复工作是计算机特别擅长的工作之一，重复就是循环。循环结构是结构化程序设计的基本结构之一。它和顺序结构、选择结构共同作为各种复杂程序的基本构造单元。在程序设计中许多问题需要用到循环语句，如处理学校学生成绩；求若干个数的和；求一个数的阶乘等。循环语句是实现程序设计中许多有规律、需要多次重复执行某些操作的最为有效的方法。循环结构是程序设计中的一个重点和难点。在函数、数组及指针等章节的学习中，常涉及循环语句。C 语言提供多种循环语句，可以组成各种不同形式的循环结构：while 语句构成的循环结构；do-while 语句构成的循环结构；for 语句构成的循环结构；用 goto 语句和 if 语句构成的循环。

4.1 蜡烛燃烧之谜（while 循环）

4.1.1 案例描述

1. 提出问题

蜡烛燃烧之谜。苏联著名数学家 R.H.别莱利曼在他的书中记录了一道题目：蜡烛燃烧之谜。题目是这样的：

房间里电灯突然熄灭，保险丝烧断了！我点燃了书桌上备用的两支蜡烛，在烛光下继续工作，直到电灯修好。

第二天，需要确定昨晚断电共有多长时间。我当时没有注意昨晚断电的时间，也没有注意什么时间来的电。我也不知道蜡烛的原始长度。我只记得两支蜡烛是一样长的，但粗细不同，其中粗的一支能用 5 小时（完全用完），细的一支能用 4 小时。两支蜡烛都是经我点燃的新烛。我没有找到蜡烛的剩余部分，家里人把它扔掉了。

"残烛几乎都烧光了，不值得保留"。家里人这样回答。

"你还记得残余部分有多长吗？"

"两支残烛不一样。一支残烛的长度等于另一支的 4 倍。"

我无法知道得更多了，只好根据以上资料，推算出停电的时间。

2．运行结果

停电时间：3.750022 小时。

3．涉及的知识点

while 语句（当型循环）。

4.1.2　while 语句

while 语句（当型循环）的一般形式是：

```
while(循环条件)   循环体；
```

或：

```
while(循环条件)
{
   循环体；
}
```

其中：while 为保留字，引导整个循环语句；循环条件用来控制循环体是否执行，一般为关系表达式或逻辑表达式，也可以是 C 语言其他类型的合法表达式；循环体是循环重复执行的部分，一般为语句或语句序列。**循环体与循环条件**一起构成了**循环结构**。

其功能为：当循环条件成立，执行循环体，即每执行一次，就判断循环条件，直到循环条件不成立时结束循环，转去执行 while 后面的语句。

【例 4.1】　编写程序计算前 100 个自然数的和：$1+2+3+…+100$。

分析：设每一项用变量 i 表示，即加法运算中的加数；变量 sum 存放和值，即累加器。采用循环结构——思路是寻找加数与求和的规律，即：

加数 i——从 1 变到 100，每循环一次，使 i 增 1，直到 i 的值超过 100。i 初值设为 1。

求和——设变量 sum 存放和，循环求 $sum=sum+i$，直至 i 超过 100，sum 初值设为 0。

```c
#include"stdio.h"
int main()
{
   int i=1,sum=0;
   while(i<=100)
   {  sum=sum+i;   i++;  }
   printf("sum=%d",sum);
      return 0;
}
```

程序输出结果：sum=5050

思考：表示加数的变量 i 在整个循环结构的执行过程中起到了什么作用？对了，就是控制循环趋向结束的作用，称为**循环控制变量**。如果没有 $i<=100$ 或 $i++$，程序将会循环无限进行，即**死循环**。

（1）如果 while 的（表达式）值一开始就为"假"，那么循环体一次也不执行。

（2）当循环体为多个语句组成时，必须用{}括起来，形成复合语句。

（3）循环体允许为空。

（4）在循环体中应有使循环趋于结束的语句，以避免"死循环"的发生。

（5）遇到数列求和、求积的一类问题，一般可以考虑使用循环解决。

（6）注意循环初值的设置。一般对于累加器常常设置为 0，累乘器常常设置为 1。

【例 4.2】　从键盘输入一系列数，求其和，直至连续两次输入的数等于 0 为止。

分析：本例有两个难点，其一是题中所说的"一系列数"，不知道到底有多少个数，循环次数不明确，其二是循环结束条件是"连续两次输入的数等于 0"，我们不能让用户两个数一组地输入数据（万一是奇数个数呢？）。为了处理"连续"的两个数，程序必须在输入本次数据前先保存上次输入的数据。需要定义的变量如表 4-1 所示。

表 4-1　　　　　　　　　　　　定义的变量

变量名	作用	类型	值
y	代表每次输入的数	float	键盘输入
x	暂存用户上次输入的数	float	$x=y$
s	存放累加和	float	$s=s+y$

用自然语言描述程序算法：

（1）设置环境；

（2）定义变量 x、y、n、s，并令 $n=3$，$s=0$；

（3）输入前两个实数，分别赋给 x、y；

（4）$s=x$；

（5）x、y 全零吗？是则转⑨，否则转⑥；

（6）$s=s+y$；

（7）$x=y$；

（8）输入下一个实数，赋给 y，并转⑤；

（9）输出 s，结束。

【源代码】

```c
#include "stdio.h"
int main()
{
    int n = 3;
    float x, y, s = 0;
    printf("请输入第 1 个数: ");
    scanf("%f", &x);
    printf("请输入第 2 个数: ");
    scanf("%f", &y);
    s = x;
```

```
    while ( x || y )
    { s = s + y;
      x = y;
      printf("请输入%d个数: ", n++ );
      scanf("%f", &y);
    }
    printf("\ns=%f", s);
    return 0;
}
```

思考：将本例结束条件改为"连续 3 次输入的数等于 0"，请修改程序。

4.1.3 程序解析

（1）分析：蜡烛燃烧之谜，详见 4.1.1 案例描述。

这类问题先去伪存真、去粗取精，将物理问题转化为数学模型。

两支蜡烛同时点燃，同时熄灭，根据残烛比例确定停电时间，这就是程序要做的事。通过分析可知，停电时间应在 0～4 小时之间，且不包括 0 和 4，因为就算细烛燃尽，极限时间也就 4 小时。

现设两支蜡烛共同燃烧的时间量为 x，x 分分秒秒的燃烧，到最后粗烛剩余 $1-x/5$，细烛剩余 $1-x/4$。又已知熄灭的条件是粗残烛长度是细残烛长度的 4 倍，故可列关系式为：$1-x/5=4*(1-x/4)$。

数据类型的定义：因为 x 变化量是秒或毫秒级，所以 x 设成单精度型 float 比较合适。真能找出这么一个精确的 x 使 $1-x/5$ 和 $4*(1-x/4)$ 刚好相等吗？未必。粗烛燃得慢，细烛燃得快，当 x 从 0 开始逐渐增加时，$1-x/5$ 和 $1-x/4$ 都要往小的方向变（残烛越来越短）。但在相等点之前，剩余的粗残烛长度 $1-x/5$ 尚未达到剩余细残烛的长度的 4 倍 $4*(1-x/4)$。所以真正的循环结束条件是：$1-x/5<4*(1-x/4)$。

变量设置如表 4-2 所示。

表 4-2　　　　　　　　　　　　　　变量表

变量名	作用	类型	值
x	燃烧时间	float	从 0 递增
a	剩余粗烛长度	float	从 1 到 $1-x/5$
b	剩余细烛长度	float	从 4 到 $1-x/4$

（2）源代码如下所示。

```
#include "stdio.h"
int main()
{
  float x = 0, a, b;
  a = 1 - x / 5;
  b = 4 * ( 1 - x / 4 );
  while ( a < b )
  {
    x = x + 0.0001;
    a = 1 - x / 5;
    b = 4 * ( 1 - x / 4 );
  }
  printf("停电时间: %f 小时。", x );
  return 0;
}
```

练习 4-1 利用 while 语句求解 1+1/2+1/4+1/6+…+1/50。

注意

观察数列 1，1/2，…，1/50。分子全部为 1，分母除第一项外，全部是偶数。整个问题是一个累加问题，而且相邻项的累加数不明确。循环控制变量用 i（i: 2-50）控制，数列通项：1/i。其中累加器用 *sum* 表示（初值设置为第一项 1，以后不累加第一项）。

4.2 口令程序（do-while 循环）

4.2.1 案例描述

1. 提出问题

口令程序。用户进入某系统，有 3 次键盘回答口令的机会。3 次中任何一次回答正确，均可进入系统（显示 "You are welcome!"），否则不能进入系统（显示 "Sorry!"）。（本例设口令是 6 位自然数 123456）

2. 运行结果

```
Please input password:12345
Please input password:12346
Please input password:12347
Sorry!
```

或者：

```
Please input password:123456
You are welcome!
```

3. 涉及知识点

do-while 语句（直到型循环）。

4.2.2 do-while 语句

与当型循环"循环体可能一次也不被执行"不同的是，有时要求循环体至少被执行一次，直到循环条件不满足为止，这种循环称为直到型循环。C 语言中用"do-while"实现直到型循环。

do-while 语句的一般形式是：

```
do
{
  循环体;
} while(循环条件);
```

其功能为：do、while 为保留字，引导该语句；执行 do 后面的循环体语句，然后判断 while 后面的循环条件，条件成立时，继续下一次循环体的重复执行，直到循环条件不成立时，就结束，即直到型循环。

4.2.3 程序解析

【例 4.3】 口令程序。用户进入某系统，有 3 次键盘回答口令的机会。3 次中任何一次回答正确，均可进入系统（显示 "You are welcome!"），否则不能进入系统（显示 "Sorry!"）。（本例设口令是 6 位自然数 123456。）

1. 分析

本例中输入密码和判断密码操作至少要执行一次，适于用"do-while"实现。循环控制条件最好选择用户回答口令的次数。

技巧：口令正确和口令输入超过 3 次循环都会结束，如何知道口令是否正确是本例的一个难点。可以采用标志法。设一个标志变量（*flag*）：其值为 0 表示口令错误；其值为 1 表示口令正确，以此作为程序最后判断口令正误的依据。

变量设置如表 4-3 所示。

表 4-3　　　　　　　　　　　　量表

变量名	作用	类型	值
password	用户每次回答的口令	long	键盘输入
i	回答口令的次数	int	*i*++
flag	口令正误标志	int	0 或 1

2. 源代码

```
#include "stdio.h"
int main()
{
  long password;
  int i=0,flag=0;
  do
{
  printf("\nPlease input password: ");
  scanf("%ld",&password);
  i++;
  if (password==123456) { flag=1; break; }
}while(i<3);
  if (flag==1) printf("\n Welcome!");
  else printf("\n Sorry!");    /* 一定是 3 次都答错 */
  return 0;
}
```

思考：如果不设标志变量 *flag*，怎样修改本程序完成同样的功能？

练习 4-2　分析下边程序输出结果及循环体执行次数。

```
#include "stdio.h"
int main()
{
    int a=10,b=0;
    do
    { b+=2; a-=b+2;
    } while(a>=0);
    printf("\na=%d",a);
    return 0;

}
```

【例 4.4】　从键盘输入两个正整数 *m* 和 *n*，求这两个数的最大公约数。

分析：最大公约数（greatest common divisor，简写为 gcd；或 highest common factor，简写为 hcf），指某几个整数共有因子中最大的一个。

　　辗转相除法是古希腊求两个正整数的最大公约数的方法，也叫欧几里德算法，其方法是用较大的数除以较小的数，上面较小的除数和得出的余数构成新的一对数，继续做上面的除法，直到出现能够整除的两个数，其中较小的数（即除数）就是最大公约数。以求 288 和 123 的最大公约数为例，操作如下：

$$288 \div 123 = 2 \ 余 \ 42$$

$$123 \div 42 = 2 \ 余 \ 39$$

$$42 \div 39 = 1 \ 余 \ 3$$

$$39 \div 3 = 13$$

　　所以 3 就是 288 和 123 的最大公约数。参考代码如下：

```c
#include"stdio.h"
int main()
{
    int m,n,k,result;
    printf("Enter two numbers:");    scanf("%d,%d",&m,&n);
    if(m>0&&n>0)  /*限定两个正整数*/
    {
        do
        {
            k=n%m;
            if(k==0)    result=m;
            else
            {
                n=m;
                m=k;
            }
        }while(k>0);  /*循环取余求出最大公因子*/
    printf("The greatest common divistor is:%d\n",result);
    }
    else printf("Nonpositive values not allowed\n");
    return 0;
}
```

4.3　阶乘问题（for 循环）

4.3.1　案例描述

1．提出问题

　　阶乘（factorial）是基斯顿·卡曼（Christian Kramp，1760 ~ 1826 年）于 1808 年发明的运算符号。阶乘指从 1 乘以 2 乘以 3 乘以 4 一直乘到所要求的数。例如所要求的数是 4，则阶乘式是 $1 \times 2 \times 3 \times 4$，得到的积是 24，24 就是 4 的阶乘。任何大于 1 的自然数 n 阶乘表示为：

$$n! = 1 \times 2 \times 3 \times \cdots\cdots \times n \quad 或 \quad n! = n \times (n-1)!$$

　　现在需要求 $n!$，n 通过键盘输入，如何编程实现呢？

2．程序执行结果

　　请输入 n 的值：4

```
4! =24
```

3. 涉及知识点

for 语句。

4.3.2　for 语句

for 语句的一般形式：

```
for(表达式 1; 表达式 2; 表达式 3)
    循环体;
```

如 for(i=1; i<=100; i++) 循环体;

表达式 1 表示"循环初始条件"，表达式 2 表示"循环控制条件"，表达式 3 表示"循环变量增量即步长"，循环体由一条语句或一组语句组成，对于一组语句需要用{}括起来形成复合语句。

for 语句功能：计算表达式 1 的值，再判断表达式 2，如果其值为非 0（逻辑真），则执行循环体，并计算表达式 3；之后再去判断表达式 2，一直到其值为 0 时结束循环，执行循环体后面的语句。

与 for 语句等价的 while 语句和 do while 语句的形式如下。

等价形式 1

```
表达式 1;
while(表达式 2)
{
    循环体; 表达式 3;
}
```

等价形式 2

```
表达式 1;
do
{
    循环体; 表达式 3;
}while(表达式 2)
```

【例 4.5】　计算前 100 个自然数的和，1+2+3+...+100。

```c
#include "stdio.h"
int main( )
{ int i,sum;
  sum=0;
  for( i=1; i<=100; i++)
    sum=sum+i;
  printf("%d ",sum);
  return 0;
}
```

（1）表达式 1、2、3 全省略，即：

```
        for (;;)
```

就等同于：while(1)，会无限循环（死循环）。

（2）省略表达式 1 和表达式 3，即：

```
        for (;表达式 2;)
```

就等同于：while（表达式 2）。

（3）省略表达式 2，即：

for（表达式 1；；表达式 3）

就等同于：表达式 1; while(1) {…表达式 3; }。

在省略某个表达式时，应在适当位置进行循环控制的必要操作，以保证循环的正确执行。所以上述 for 语句等价为：

```
i=1;
for(;;)
{    …
if(i>100) …
i++;
…
}
`
```

表达式全省略

```
for(i=1;;i++)
{    …
if(i>100) …
…
}
```

省略表达式 2

```
i=1;
for(;i<=100;)
{    …
sum+=i;
     i++;
…
```

省略表达式 1、3

4.3.3　goto 语句和 if 语句构成循环

goto 语句是一种无条件转移（转向）语句，在编程中很少使用，这里只是介绍一下，对其有个简单的认识和了解即可。

格式为：

```
goto  语句标号;
```

goto 语句的功能：程序无条件转移到 "语句标号"（即标识符，命名规则同变量名）处执行。

【例 4.6】　if/goto 构成循环，计算前 100 个自然数的和：1+2+3+…+100。

```
int main()
{
    int i=1,sum=0;
    LOOP:
        sum+=i;
        i++;
        if(i>100) goto EXT;
        goto LOOP;
    EXT:
        printf("sum=%d",sum);
    return 0;
}
```

注意

　　　　上例仅仅作为对 goto 语句以及语句标号概念的理解，实际建议不要这样使用。结构化程序设计方法主张 "限制" 使用 goto 语句，因为无条件转移使程序结构无规律，可读性变差。但是，任何事情都是一分为二的，如果能大大提高程序的执行效率，也可以使用。

几种循环的比较。

C 语言中，4 种循环结构（一般不提倡用 if/goto 构成的循环）都可以用来处理同一个问题，但在具体使用时存在如下差别。如果不考虑可读性，一般情况下它们可以相互代替。

（1）表达式个数不同：while 和 do-while 语句的表达式只有 1 个，for 语句有 3 个。

（2）执行流程不同：while 和 for 先判断循环条件后执行循环体，do-while 语句先执行循环体后判断循环条件。

（3）4 种循环都可以处理同一问题，一般情况下它们可以互相代替。但是不提倡用 goto 型循环。

while 和 do-while 循环，在 while 后面指定循环条件，而使循环趋于结束的语句包含在循环体中。for 循环可以在"表达式 3"中包含使循环趋于结束的操作，甚至可以将循环体中的操作全部放到"表达式 3"中。因此，for 语句的功能更强，凡是用 while 循环能完成的，用 for 循环都能实现。用 while 和 do-while 循环时，循环变量初始化应在 while 和 do-while 之前，for 循环可以在"表达式 1"中实现循环变量的初始化。

对 while 循环、do-while 循环、for 循环，可以用 break 语句跳出循环，还可以用 continue 语句结束本次循环。而对用 goto 语句和 if 语句构成的循环不能用 continue 语句和 break 语句进行控制。3 种基本循环结构一般可以相互替代，不能说哪种更加优越。具体使用哪一种结构，依赖于程序的可读性和程序设计者个人程序设计的风格（偏好）。我们应当尽量选择恰当的循环结构，使程序更加容易理解。一般来讲，while 语句多用于循环次数不定的情况，do-while 语句多用于至少要运行一次的情况，for 语句多用于要赋初值或循环次数固定的情况。对计数型的循环或确切知道循环次数的循环，用 for 比较合适，对其他不确定循环次数的循环许多程序设计者多用 while/do-while 循环。

【例 4.7】 计算 1 至 10 之间奇数之和及偶数之和。（用 3 种循环结构实现）

分析：用变量 x 表示偶数，用变量 y 表示奇数，用变量 z 表示偶数之和，变量 k 表示奇数之和。

```
/* 用 while 语句实现 */
int main()
{
    int x,y,z,k;
    x=z=k=0;
    while(x<=10)
    {   z+=x;  y=x+1;  k+=y;  x+=2;  }
    printf("\nz=%d,k=%d",z,k-11);
    return 0;
}
/* 用 do-while 语句实现 */
int main()
{
    int x,y,z,k;
    x=z=k=0;
    do
    {  z+=x;  y=x+1;  k+=y;  x+=2;  } while(x<=10);
    printf("\nz=%d,k=%d",z,k-11);
    return 0;
}
/* 用 for 语句实现 */
int main()
{
    int x,y,z,k;
    for (x=z=k=0;x<=10;  x+=2)
    {  z+=x;  y=x+1;  k+=y;  }
    printf("\nz=%d,k=%d",z,k-11);
    return 0;
}
```

【例 4.8】 统计从键盘输入一行字符的个数。

分析：反复输入并统计个数，典型的循环结构。难点是不知道到底输入到什么时候结束，循环次数不明确，不适宜用 for 循环，但我们写出 3 种循环语句的实现形式，供读者自己体会。

```
/* 用 while 语句实现 */
#include "stdio.h"
int main()
{
  int n=0;
  printf("input a string:\n");
  while(getchar()!='\n') n++;
  printf("%d",n);
  return 0;
}
```

练习 4-3　请自己写出用 do-while 语句实现的程序并上机调试。

练习 4-4　请自己写出用 for 语句实现的程序并上机调试。

4.3.4　转移语句

在循环结构程序段中，各语句总是按语句功能所定义的方向执行。如果需要改变程序的正常流向，可以使用转移语句。转移语句有 goto、break、continue 3 种，其中 goto 语句已经在前面介绍过，下面重点介绍 break 和 continue。

1. break 语句

break 语句放在 switch 语句或循环体中，可以立即终止本循环的执行，而转去执行循环结构的下一语句处。break 语句的一般形式为：break;

说明：

（1）break 语句只用于循环语句或 switch 语句中。

（2）循环语句可以嵌套使用，break 语句只能跳出（终止）其所在的循环，而不能一下子跳出多层循环。

【例 4.9】　指出下面程序循环的执行次数。

```
#include "stdio.h"
int main()
{
    int a=0,j=10;
    for(;j>3;j- -)
    {   a++;
        if(a>3) break;
    }
    printf("%d",a);
    return 0;
}
```

【例 4.10】　从键盘上连续输入字符，并统计其中大写字母的个数，直到输入"换行"字符时结束。

```
#include "stdio.h"
int main()
{
    char ch;
    int sum=0;
    while(1)
    {
        ch=getchar();
        if(ch=='\n') break;
        if(ch>='A'&&ch<='Z')  sum++;
```

```
    }
    printf("sum=%d",sum);
    return 0;
}
```

2. continue 语句

continue 语句的功能是结束本次循环。即跳过本层循环体中余下尚未执行的语句，接着再一次进行循环条件的判定。

注意　执行 continue 语句并没有使整个循环终止。注意与 break 语句进行比较。continue 语句的一般形式是：continue;。

【例 4.11】　把 100 ~ 200 之间能被 7 整除的数，以十个数为一行的形式输出，最后输出一共有多少个这样的数。

```
int main()
{
    int n,j=0;
    for(n=100;n<=200;n++)
    {
    if (n%7!=0)           continue;
     printf("%6d",n);
     j++;
     if (j%10==0)           printf("\n");
     }
    printf(" \n j=%d\n",j);
    return 0;
}
```

【例 4.12】　阅读程序，指出其功能并给出程序运行结果。

```
#include "stdio.h"
int main()
{
    int a,b;
    for(a=1,b=1;a<=100;a++)
    {
        if(b>=20)    break;
        if(b%3==1)
        {
            b+=3;
            continue;
        }
        b-=5;
    }
    printf("a=%d\n",a);
    return 0;
}
```

【例 4.13】　从键盘输入 30 个字符，并统计其中数字字符的个数。

```
#include"stdio.h"
int main ()
{
    int sum=0,i;
    char ch;
```

```
for(i=0;i<30;i++)
{
    ch=getchar();
    if(ch<'0'||ch>'9')continue;/*终止本轮循环，但未跳出循环结构*/
    sum++;
}
printf("sum=%d\n",sum);
return 0;
}
```

总结：break,continue 主要区别如下。

（1）continue 语句只终止本次循环，而不是终止整个循环结构的执行。

（2）break 语句是终止本层循环，不再进行条件判断。

4.3.5　程序解析

【例 4.14】　求正整数 n 的阶乘 $n!$，其中 n 由用户输入。

在 C 语言中，使用循环语句可以很方便地求出阶乘的值，下面采用 for 语句完成功能。

```
#include "stdio.h"
int main()
{
  float fact;
  int i,n;
  scanf("%d",&n);
  for(i=1,fact=1.0;  i<=n;  i++) fact=fact*i;
  printf("%f",fact);
  return 0;
}
```

4.4　杨辉三角形问题（多重循环）

4.4.1　案例描述

1. 提出问题

杨辉三角形，又称贾宪三角形、帕斯卡三角形，是二项式系数在三角形中的一种几何排列。

北宋人贾宪约在 1050 年首先使用"贾宪三角"进行高次开方运算。13 世纪中国宋代数学家杨辉在《详解九章算术》里讨论这种形式的数表，并说明此表引自 11 世纪前半贾宪的《释锁算术》，并绘画了"古法七乘方图"。元朝数学家朱世杰在《四元玉鉴》（1303 年）里扩充了"贾宪三角"成"古法七乘方图"。意大利人称之为"塔塔利亚三角形"（Triangolo di Tartaglia）以纪念在 16 世纪发现一元三次方程解的塔塔利亚。在欧洲直到 1623 年以后，法国数学家帕斯卡在 13 岁时发现了"帕斯卡三角"。

性质：

（1）每行数字左右对称，由 1 开始逐渐变大，然后变小，回到 1。

（2）第 n 行的数字个数为 n 个。

（3）第 n 行数字和为 $2^{(n-1)}$。（2 的 $n-1$ 次方）

（4）每个数字等于上一行的左右两个数字之和。可用此性质写出整个帕斯卡三角形。

（5）将第 $2n+1$ 行第 1 个数，跟第 $2n+2$ 行第 3 个数、第 $2n+3$ 行第 5 个数……连成一线，这些数的和是第 $2n$ 个斐波那契数。将第 $2n$ 行第 2 个数，跟第 $2n+1$ 行第 4 个数、第 $2n+2$ 行第 6 个数……这些数之和是第 $2n-1$ 个斐波那契数。

（6）第 n 行的第 1 个数为 1，第二个数为 $1\times(n-1)$，第三个数为 $1\times(n-1)\times(n-2)/2$，第四个数为 $1\times(n-1)\times(n-2)/2\times(n-3)/3\cdots$。

现在如何用程序解决该问题呢?

2. 程序执行结果

程序执行结果如图 4-1 所示。

```
Input the rank of the triangle:
6
              1
             1 1
            1 2 1
           1 3 3 1
          1 4 6 4 1
         1 5 10 10 5 1
Press any key to continue
```

图 4-1 六层的杨辉三角形

3. 涉及知识点

循环的嵌套，即多重循环。

4.4.2 循环的嵌套

循环语句的循环体内又包含了另一条循环语句，这称为循环的嵌套。for 语句、while、do-while 语句可以相互嵌套，构成多重循环。以下都是两重循环的合法嵌套形式。

```
while ()              for()
{                     {
    for (){ }                 for() { }
}                     }
```

【例 4.15】 屏幕输出九九乘法口诀表。

程序执行结果如图 4-2 所示。

```
1*1=1
2*1=2  2*2=4
3*1=3  3*2=6  3*3=9
4*1=4  4*2=8  4*3=12 4*4=16
5*1=5  5*2=10 5*3=15 5*4=20 5*5=25
6*1=6  6*2=12 6*3=18 6*4=24 6*5=30 6*6=36
7*1=7  7*2=14 7*3=21 7*4=28 7*5=35 7*6=42 7*7=49
8*1=8  8*2=16 8*3=24 8*4=32 8*5=40 8*6=48 8*7=56 8*8=64
9*1=9  9*2=18 9*3=27 9*4=36 9*5=45 9*6=54 9*7=63 9*8=72 9*9=81
Press any key to continue
```

图 4-2 九九乘法表

分析：分行与列考虑，共 9 行 9 列，i 控制行，j 控制列。一般二维表格可以用双重循环处理。

```
#include "stdio.h"
int main()
{
```

```
    int i,j,result;
    printf("\n");
    for (i=1;i<10;i++)
    { for(j=1;j<=i;j++)
      {
          result=i*j;
        printf("%d*%d=%-3d",i,j,result);
        /*-3d表示左对齐，占3位*/
      }
    printf("\n");/*每一行后换行*/
    }
    return 0;
}
```

【例 4.16】　使用 for 语句计算 s=1!+3!+5!+7! +n!

```
include "stdio.h"
int main()
{
    int i,j, n;
    double m,s=0;
    printf("Please enter n:");
    scanf("%d",&n);
    for(i=1; i<= n; i++)
        {
        for(m=1,j=1;j<=i;j++) m = m *j;
        s+=m;
        }
        printf("%.0lf\n", s);
return 0;
}
```

【例 4.17】　求 300 ~ 700 之间的所有素数，并以每行 10 个的格式输出。

```
#include"math.h"
#include"stdio.h"
int main()
{
    int m,i,k,n=0;
    for(m=301;m<=700;m=m+2)  /*循环变量的修正是："m=m+2"是因为只要检查奇数，偶数能被 2
整除，一定不是素数。*/
    {
        k=sqrt(m);
        for(i=2;i<=k;i++)  if(m%i==0)break;
        if(i>=k+1)
            {printf("%d",m); n=n+1;}
         if(n%10==0)printf("\n");
    }
    printf("\n");
    return 0;
}
```

【例 4.18】　从键盘上输入任意 n 个整数，求出每个整数的各位数字的平方和。

分析：

（1）任意的整数如何分解其各位数字。

（2）对输入的一系列整数（n 个）都要计算。

```
#include "stdio.h"
int main()
{
   int i,n,m;   int ans;
   printf("请输入 n:");
   scanf("%d",&n);
   for(i=1;i<=n;i++)
   {
       printf("请输入第%d整数",i);
      scanf("%d",&m);
      ans=0;
      while(m!=0)
      {
          long temp=m%10;
          ans+=temp*temp;
           m/=10;
      }
      printf("各位数字的平方和为：%d\n",ans);
   }
   return 0;
}
```

4.4.3   程序解析

【例 4.19】   在屏幕上输出指定层数的杨辉三角形。

```
#include"stdio.h"
int main()
{
    int l,r,c;
    long int v;
    printf("Input the rank of the triangle:\n"); /*输入行数*/
    scanf("%d",&r);
    while(r<1||r>15) /* 范围 1~15 */
    {
    printf("\nError! Input again:\n");
    scanf("%d",&r);
    }
    for(l=1;l<=r;l++)
    {
    for(v=0;v<17-l;v++)  printf(" ");
    v=1;
    printf("1 ");
    for(c=2;c<=l;c++)
    {
        v=v*((l-1)-(c-1)+1)/(c-1); /*! 核心公式! */
        if(v<100) /*底下是控制打印后留的空格，让整个三角形更美观*/
            if(v<10) printf("%ld ",v);
            else    printf("%ld ",v);
        else printf("%ld ",v);
    }
    printf("\n");
    }
    return 0;
}
```

4.5　综合应用

【例 4.20】　一球从 100 米高度自由落下，每次落地后反跳回原高度的一半；再落下，求它在 10 次落地时，共经过多少米？第 10 次反弹多高？

分析：用 hn 表示 n 次反弹的高度，sn 表示 n 次共经过的米数，球第一次落地后，即 sn 的初值为 100，hn 的初值为 $sn/2$；经过第二次落地后 sn 变为 $sn+2*hn$，hn 变为 $hn/2$。依次往下，共经过九次，即循环九次。

程序源代码：

```c
#include "stdio.h"
int main()
{
    float sn=100.0,hn=sn/2;
    int n;
    for(n=2;n<=10;n++)
    {
     sn=sn+2*hn;
     hn=hn/2;
    }
    printf("the total of road is %f\n",sn);
    printf("the tenth is %f meter\n",hn);
    return 0;
}
```

【例 4.21】　猴子吃桃问题。猴子第一天摘下若干个桃子，当即吃了一半，还不过瘾，又多吃了一个，第二天早上又将剩下的桃子吃掉一半，又多吃了一个。以后每天早上都吃了前一天剩下的一半零一个。到第 10 天早上想再吃时，见只剩下一个桃子了。求第一天共摘了多少。

分析：采取逆向思维的方法，从后往前推断。

此题粗看起来有些无从着手的感觉，那么怎样开始呢？假设第一天开始时有 $a1$ 只桃子，第二天有 $a2$ 只，…，第 9 有 $a9$ 只，第 10 天是 $a10$ 只，在 $a1,a2,\ldots,a10$ 中，只有 $a10=1$ 是知道的，现要求 $a1$，而我们可以看出，$a1,a2,\ldots,a10$ 之间存在一个简单的关系：

$a9=2*(a10+1)$

$a8=2*(a9+1)$

… …

$a1=2*(a2+1)$

也就是：$ai=2*(ai+1+1)$　i=9,8,7,6,…,1

这就是此题的数学模型。

再考察上面从 $a9$，$a8$ 直至 $a1$ 的计算过程，这其实是一个递推过程，这种递推的方法在计算机解题中经常用到。另一方面，这九步运算从形式上完全一样，不同的只是 ai 的下标而已。由此，我们引入循环的处理方法，并统一用 $a0$ 表示前一天的桃子数，$a1$ 表示后一天的桃子数，N-S 图如图 4-3 所示。

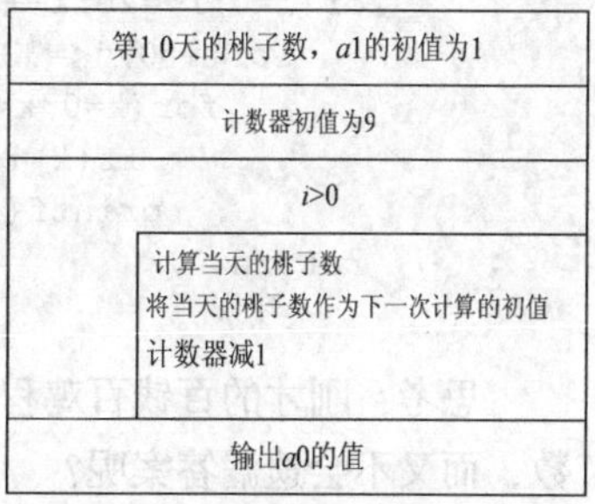

程序源代码如下。

```c
#include "stdio.h"
```

| 第10天的桃子数，a1的初值为1 |
| 计数器初值为9 |
| i>0 |
| 计算当天的桃子数
将当天的桃子数作为下一次计算的初值
计数器减1 |
| 输出a0的值 |

图 4-3　N-S 流程图

```
int main()
{
  int i,a0,a1;
  i=9; /*计数器初值为 9*/
  a1=1; /*第 1 0 天的桃子数，a1 的初值为 1*/
  while ( i > 0 )
  {
  a0 = (a1+1)*2; /*计算当天的桃子数*/
  a1= a0; /*将当天的桃子数作为下一次计算的初值*/
  i--;
  }
  printf("the total is %d\n",a0); /*输出 a0 的值*/
return 0;
}
```

【例 4.22】 我国古代数学家张丘建在《算经》中出了这样一道题目：鸡翁一，值五钱，鸡母一，值三钱，鸡雏三，值一钱，百钱买百鸡，问鸡翁、鸡母、鸡雏各几何？

分析：题目要我们找出符合条件的鸡翁、鸡母、鸡雏的个数。答案显然是一组数据。首先分析一下问题所涉及的情况。

百钱如果全买公鸡，可以买 0～20 只；

百钱如果全买母鸡，可以买 0～33 只；

百钱如果全买小鸡，可以买 0～300 只，但百鸡限定最多 99 只，小鸡数必须是 3 的倍数；

综上，我们发现公鸡 21 种买法，母鸡 34 种，小鸡 33 种，所以总共面临着 21 × 34 × 34 = 24276 种买法。

现在我们已经了解了所有可能的情况，按照穷举法解题的思路，我们需要设计一下正确买法所需满足的条件，假设公鸡数为 i，母鸡数为 j，小鸡数为 k，则得到如下方程：

百钱　i*5+j*3+k/3==100；百鸡　i+j +k==100

```
#include "stdio.h"
int main()
{
    int i,j,k;
    /*准备输出格式*/
    printf("\t 公鸡\t 母鸡\t 小鸡\n");
    for(i=0;i<=20;i++)
        for(j=0;j<=33;j++)
            for(k=0;k<=99;k+=3)
                if(i+j+k==100 && i*5+j*3+k/3==100)
                printf("\t%d\t%d\t%d\n" ,i,j,k);
    return 0;
}
```

思考：刚才的百钱百鸡程序在循环次数上有 24276 次之多，那么有什么办法可以减少循环次数，而又不会遗漏答案呢？

程序利用的是三重循环，想要减少循环次数，那么很显然，可以从以下两个方面思考：

● 减少 i、j、k 3 个循环中的某一个或者几个的循环次数；

● 减少循环结构的重数，三重变两重或者一重。

分析后我们发现第一种思路没前途，因为取值情况的分析很合理，即便可以减少也只是一点点，对总数 2 万多来说，减少的幅度很不明显。所以我们考虑第二种思路，减少循环的重数，我们观察方程后发现，其实，三重循环可以变成两重循环。

```
#include "stdio.h"
int main()
{
    int  i,j,k;
    /*准备输出格式*/
    printf("\t公鸡\t母鸡\t小鸡\n");
    for(i=0;i<=20;i++)
        for(j=0;j<=33;j++)
        {
            k=100-i-j;
            if(i*5+j*3+k/3==100)
                printf("\t%d\t%d\t%d\n" ,i,j,k);
        }
    return 0;
}
```

运行的结果出人意料，答案变多了，很明显多出的答案是不合理的（小鸡的数量），原因何在？

分析：在我们减少 k 循环之后，k 的值由表达式 100-i-j 提供，很显然，它不能保证出来的 k 是 3 的倍数。

改善：加入判断 k 值为 3 的倍数的条件。（请在上面参考代码中修改，使之运行正确）

4.6 小   结

（1）while、do-while、for 循环语句可以并列，也可以相互嵌套，但要层次清楚，不能出现交叉。

（2）多重循环程序执行时，外层循环每执行一次，内层循环都需要循环执行多次。

（3）break 只能跳出（终止）其所在的循环，而不能一次跳出多层循环；continue 结束本次循环。

习   题

一、选择题

1. int a=1,x=1; 循环语句 while(a<10) x++; a++;的循环执行（   ）。

    A. 无限次   B. 不确定次   C. 10 次   D. 9 次

2. int i=1,s=0;

```
    while(i<100){ s+=i++; if (i>100) break; }
```

执行以上程序段后，s 中放的是（   ）。

    A. 1 到 101`的和   B. 1 到 100 的和   C. 1 到 99 的和   D. 以上都不是

3. 假定 a 和 b 为 int 型变量，则执行以下语句后，b 的值为（   ）。

```
a=1; b=10;
do { b-=a; a++; }
while( b--<0);
```

A. 9   B. -2   C. -1   D. 8

4. 设 x 和 y 均为 int 型变量，则执行下面的循环后，y 的值为（   ）。

```
for(y=1,x=1;y<=50;y++)
   { if(x>=10) break;
     if(x%2==1) { x+=5; continue; }
     x-=3;
```

A. 2   B. 4   C. 6   D. 8

二、程序分析题

1. 阅读下列程序，写出程序运行的输出结果。

```
int main()
{ int y=9;
  for(;y>0;y--)
     if(y%3==0) { printf("%d ",--y); continue;}
  return 0;
}
```

2. 阅读下列程序，写出程序运行的输出结果。

```
int main()
{ int i=5;
    do
    {
    switch (i%2)
    { case 4: i--; break;
      case 6: i--; continue;
    }
    i--; i--;
    printf("i=%d ",i);
     } while(i>0);
    return 0;
}
```

3. 阅读下列程序，当输入为：ab*AB%cd#CD$ 时，写出程序运行的输出结果。

```
int main()
{ char c;
  while( (c=getchar())!='$')
    { if('A'<=c && c<='Z') putchar(c);
      else if('a'<=c && c<='z') putchar(c-32);
    }
return 0;
}
```

三、程序设计题

1. 打印出如下图案：

```
*
***
*****
*******
*****
***
*
```

2．一个数如果恰好等于它的因子之和，这个数就称为"完数"，例如 6=1＋2＋3。编程找出 1000 以内的所有完数。

3．古典问题：有一对兔子，从出生后第 3 个月起每个月都生一对兔子，小兔子长到第三个月后每个月又生一对兔子，假如兔子都不死，输入月份，计算该月的兔子数量为多少？

4．从键盘输入一个正整数 n，计算该数的各位数之和并输出。例如：输入数是 5246，则计算：5+2+4+6=17 并输出。

第5章
函　数

学习目标

- 了解模块化程序设计的方法和特点；
- 掌握函数的定义，掌握形参和实参的定义及对应关系，掌握函数返回值的定义，掌握函数的调用；
- 掌握局部变量和全局变量的使用；
- 熟悉函数的递归调用；
- 熟悉宏定义、文件包含、条件编译等编译预处理命令。

重点难点

- 重点：函数的定义，形参和实参的定义，参数传递方式，函数的调用，变量的作用域和存储类别。
- 难点：形参和实参的定义及对应，参数的值传递方式，函数的调用，函数的声明；参数值传递过程的理解，全局变量和局部变量同名混合使用，对 static 静态变量的理解。

5.1　自定义函数求 E=1+1/1!+1/2!+ … +1/10!

5.1.1　案例描述

1. 提出问题

计算 1+1/1!+1/2!+ … +1/10!时，我们可以利用两重循环，但问题较为复杂，程序代码行较多。根据模块化程序设计的思想，对于复杂的问题，可以将其分为相互联系但又彼此独立的若干子问题，这样的子问题在程序设计中被称为模块，模块在 C 语言中通过函数来实现。

因此，我们可以定义一个函数用来求 1/n!，然后用主函数来调用这个自定义函数以实现求和功能。

那么如何自己定义一个求阶乘的函数，并如何调用一个函数呢？

2. 程序执行结果

E=2.718282

3. 涉及知识点

自定义函数。

5.1.2　自定义函数

函数是一个独立的程序模块，可以定义自己的变量（仅在本函数内有效），拥有自己的存储空间。

程序员在编写一个复杂的程序时，使用函数不仅可以实现程序的模块化设计，将一个大程序分成几个子程序模块（自定义函数），或者将常用功能做成标准模块（标准函数），放在函数库中供其他程序调用；还可以把程序中普遍用到的一些常量或操作编成通用的函数，以供随时调用，大大减少编程工作量。

1．C 语言中函数根据不同的依据有不同的分类方法

根据函数的来源，可分为：

- 库函数（标准函数）。　　　　　　　　由系统提供，编程时可直接使用之。
- 自定义函数。　　　　　　　　　　　　由编程者自己编写，使用时要"先定义后使用"。

根据使用的方式，可分为：

- 无参函数。
- 有参函数（函数内需要使用主调函数中的数据）。

根据有无返回值，可分为：

- 有返回值的函数。
- 无返回值函数。

根据函数的使用方式，可分为：

- 主调函数（调用其他函数的函数）。
- 被调函数（被其他函数调用的函数）。

2．C 语言函数使用常识

（1）C 程序是由函数构成。

① 一个 C 源程序至少包含一个 main 函数，也可以包含一个 main 函数和若干个其他函数。函数是 C 程序的基本单位。

② 被调用的函数可以是系统提供的库函数，也可以是根据需要自己编写设计的函数。

③ C 函数库非常丰富，ANSI C 提供 100 多个库函数，Turbo C 提供 300 多个库函数。

（2）main 函数（主函数）是每个程序执行的起始点。

一个 C 程序总是从 main 函数开始执行，而不论 main 函数在程序中的位置。可以将 main 函数放在整个程序的最前面，也可以放在整个程序的最后，或者放在其他函数之间。

（3）所有函数都是平行的、互相独立的，即在一个函数内只能调用其他函数，不能再定义一个函数（嵌套定义）。

（4）一个函数可以调用其他函数或其本身，但任何函数均不可调用 main 函数。

3．自定义函数的语法

返回值类型　函数名(参数类型 1　参数名 1,…,参数类型 n，参数名 n）

```
{
  声明部分
  执行部分
}
```

C 语言是函数式语言，函数包括函数头（函数首部）和函数体（函数主体）两部分。其中函数头包括函数返回值类型、函数名、各参数类型说明（形式参数列表）3 部分；函数体包括函数

变量声明和执行处理语句两部分。

（1）函数返回值类型：可以是基本数据类型或构造类型。如果省略默认为 int，即如果函数返回值的数据类型为 int，可以省略之。如果确定不返回任何值，定义为 void 类型。

（2）函数名：给函数取的名字，以后用这个名字调用。函数名由用户命名，命名规则同标识符。

（3）函数参数即形式参数：无形表的函数即无参函数。无参函数没有参数传递，但"( )"号不能省略，这是格式的规定。参数表说明形式参数的类型和形式参数的名称，各个形式参数之间用","分隔。不同形式参数若类型相同，也要分别予以进行类型说明，不能省略。

（4）声明部分：在这部分定义本函数所使用的变量和进行有关声明（如函数声明）。

（5）执行部分：程序段，由若干条语句组成命令序列（可以在其中调用其他函数）。

注意

（1）函数主体的花括号中也可以为空，这种函数叫空函数 。

（2）不能在函数体内定义其他函数，即函数不能嵌套定义。

【例 5.1】 定义一个函数，用来打印输出一个 "Hello world!" 的欢迎页面。

```c
#include "stdio.h"
void welcome()
{
    printf("***************************\n");
    printf("        Hello world! \n");
    printf("***************************");
}
int main()
{
    welcome( );
return 0;
}
```

【例 5.2】 定义一个函数，求两个数中的较小者。

```c
int min(x,y)
int x,y;
{ int z;
  z = x < y ? x : y;
  return( z );
}
int main()
{
    int a=10,b=20;
    printf("min=%d",min(a,b));
    return 0;
}
```

5.1.3 函数的调用

函数调用是对已定义函数的一次运行。

1. 函数调用的一般语法

函数名（实际参数列表）;

说明：

（1）在 C 语言中，函数调用可以作为一个单独的语句，也可以作为一个表达式。因此凡是表达式可以出现的地方，都可以出现函数调用。例如：

① welcome( );。无参函数调用没有参数，但是"( )"不能省略，以单独语句形式调用（注意后面要加一个分号，构成语句）。以语句形式调用的函数可以有返回值，也可以没有返回值。

② if (sqrt(a)>max) max=sqrt(a);。在表达式中调用（后面没有分号）。在表达式中的函数调用必须有返回值。

③ printf("max=%5d",max(a,b));。有参函数若包含多个参数，各参数用","分隔，实参参数个数与形参参数个数相同，类型一致或赋值兼容。

（2）库函数的调用必须在源程序中用 include 命令将定义该库函数的头文件"包含进来"。

（3）自定义函数调用。

与变量一样，自定义函数在其主调函数中也必须"先声明，后使用"。函数声明的格式：

函数类型　函数名（[参数类型][,…,[参数类型]]）;

函数声明的两种形式：

　　　int min(int x,int y);　　　（多余，因为编译系统并不检查参数名。）

　　或　 int min( );　　　（编译系统将不检查参数类型和参数个数。）

以下情况时，被调函数在主调函数中可以不先声明：

● 被调函数的返回值为整型时、函数值是整型（int）或字符型（char）时——系统自动按整型说明；

● 被调函数的定义出现在主调函数之前；

● 在所有函数定义之前，在函数的外部已做了函数声明时，调用方式同库函数。

（4）关于 main 函数的说明。

main 函数由操作系统来调用，在 main 函数执行完以后，程序也就终止了。不同版本的 C 语言标准对 main 函数的返回值类型规定各有不同，不同的编译器对这些标准的支持程度也不同（int 或 void）。但若想程序拥有很好的可移植性，请一定要用 int main。main 函数可以使用 return 向操作系统返回一个值，使用操作系统的命令可以检测 main 的返回值。main 函数的返回值用于说明程序的退出状态。如果返回 0，则代表程序正常退出，否则代表程序异常退出。

2．函数调用时数据的传递（函数之间的信息交互）

函数是相对独立的，但不是孤立的，它们通过调用时的参数传递、函数的返回值、全局变量（后面介绍）来相互联系。

【例 5.3】　编一程序，将主函数中的两个变量的值传递给 swap 函数中的两个形参，交换两个形参的值。

```
void swap(int x, int y)
{ int temp;
  temp=x; x=y; y=temp;
  printf("\nx=%d,y=%d",x ,y);
}
int main( )
{   int a= 10,b=20;
    swap(a,b);
    printf("\na=%d,b=%d\n",a,b);
    return 0;
}
```

说明：

① 当函数被调用时，才给形参分配内存单元。调用结束，所占内存被释放。

② 实参可以是常量、变量或表达式，但要求它们有确定的值。

③ 实参与形参类型要一致，字符型与整型可以兼容。

④ 实参与形参的个数必须相等。

⑤ 函数调用时，内存使用情况：在调用函数时，给形式参数分配存储单元，并将实参对应的值传递给相应的形参，调用结束后，形参单元被释放，实参单元仍保留并维持原值。因此，在参数传递过程中，将实参的值复制给形参，这种参数传递是单向的，即在执行一个被调用函数时，形参的值如果发生改变，并不会改变主调函数实参的值。（**"单向值传递"**）

⑥ 把程序控制权从函数返回函数调用点的3种方法如下。

- 执行到函数结束的右花括号时（如果函数没有返回值）。
- 执行到如下语句（如果函数没有返回值）：

```
                return;
```

以上两种函数调用，只是执行一系列"动作"，没有确定的运算结果给主调函数。

- 把返回值返回调用处

```
                return 表达式;
```

形式：return (x); return (x+y); return 语句中圆括号亦可省略。

3. 函数的嵌套调用

函数嵌套调用：在一个函数的函数体中包含一个或多个函数调用语句。函数之间没有从属关系，一个函数可以被其他函数调用，同时该函数也可以调用其他函数。被调用的函数应该在调用函数之前进行定义。函数 A 调用函数 B，在调用 A 的过程中，即在执行 A 的函数体过程中调用 B，也就是中途把程序控制点转到 B 的函数体，在执行结束后，再返回到 A 的函数体中。

```
int function1()
{ … }
int function2(…)
{…
     调用 function1(…)
     …
}
int function3(…);
{  …
     x=function2(…)
     …
}
int main()
{  …
     function1(…);
     …
     function2(…);
     …
     function3(…);
  …
     return 0;
}
```

5.1.4 程序解析

【**例 5.4**】 自定义函数求 E=1+1/1!+1/2!+ … +1/10! 。

分析：本例中用到了 C 语言中模块化设计的重要工具"自定义函数"。首先通过自定义函数 fact 求解 1/n！，然后在 main 函数调用了自定义函数 fact，最后完成问题求解。

程序代码如下。

```c
#include "stdio.h"
int main()
{
    int i;
    float E;
    float fact();/*函数原型声明*/
    for(E=1,i=1;i<=10;i++)
        E=E+fact(i);/*自定义函数 fact 的调用*/
    printf("\nE=%f",E);
    return 0;
}
float fact(int n)/*定义求解阶乘倒数的函数 fact*/
{
    int j;
    long t=1;
    for(t=1,j=1;j<=n;j++)  t=t*j;
    return(1.0/t);
}
```

练习 5-1　编写一个求水仙花数的函数，然后通过主函数调用该函数，求 100 至 999 之间的全部水仙花数。所谓"水仙花数"是指一个三位数，其各位数字立方之和等于该数本身。例如：153=1×1×1+5×5×5+3×3×3。

编写一个求水仙花数的函数，在函数中，通过分解出个位、十位、百位，利用选择语句判断其各位数字立方之和等于该数本身。主函数中利用 for 循环控制 100～999 个数。

5.2　变量的作用域与存储类别

变量的作用域：变量的有效范围或变量的可见性。变量定义的位置决定了变量的作用域。

变量从作用域的角度可以分为：局部变量、全局变量。它们在程序中的有效范围不同。

5.2.1　局部变量

说明：

（1）所有形参都是局部变量。

（2）局部变量只在本函数或本复合语句内才能使用，在此之外不能使用（视为不存在），main 函数也不例外。

（3）局部变量所在函数被调用或被执行时，系统临时给相应的局部变量分配存储单元，一旦函数执行结束，则系统立即释放这些存储单元。

【例 5.5】　自定义函数中的局部变量。

```c
int f1(int a)          /*函数 f1*/
```

```
{    int b,c;
     ......
}
int f2(int x)                /*函数 f2*/
{    int y,z;
     ......
}
int main()
{
     int m,n;
     ......
     re turn 0;
}
```

程序分析：在函数 f1 内定义了 3 个变量，a 为形参，b、c 为一般变量。在 f1 的范围内 a、b、c 有效，或者说 a、b、c 变量的作用域限于 f1 内。同理，x、y、z 的作用域限于 f2 内。m、n 的作用域限于 main 函数内。

【例 5.6】　复合语句中的局部变量。

```
#include "stdio.h"
int main()
{
     int a=3, b=2, c=1;
     {
         int b=5, c=12;
         c-=b*2;
         printf("a=%d,b=%d,c=%d\n", a, b, c);
         a+=c;
     }
     printf("a=%d,b=%d,c=%d\n", a, b, c);
     return 0;
}
```

程序运行结果：

```
a=3,b=5,c=2
a=5,b=2,c=1
```

程序分析：在函数 main 内定义了 3 个变量 a、b、c，作用域限于整个 main 内；在复合语句中又定义了变量 b、c，其作用域只在复合语句范围内。在复合语句外由 main 定义的 b、c 起作用，而在复合语句内，则由在复合语句内定义的 b、c 起作用。a 则在整个 main 内包括复合语句内都起作用。

温馨提示　　不同函数中和不同复合语句中可以定义（使用）同名变量。因为作用域不同，程序运行时在内存中占据不同的存储单元，各自代表不同的对象，所以互不干预。

5.2.2　全局变量

全局变量——在函数之外定义的变量（所有函数前，各个函数之间，所有函数后）。

说明：

有效作用范围：从定义变量位置开始直到本源文件结束。

将全局变量的作用范围扩展至整个源文件的方法如下。

（1）全部在源文件开头处定义。

（2）在引用函数内，用 extern 说明。

（3）在源文件开头处，用 extern 说明。

例如：

```
int a,b;                /*全局变量*/
void f1()        /*函数 f1*/
{ ......  }
float x,y;        /*全局变量*/
int fz()        /*函数 fz*/
{ ......  }
int main()              /*主函数*/
{ ......  }
```

程序分析：从上例可以看出 a、b、x、y 都是在函数外部定义的全局变量。但 x、y 定义在函数 f1 之后，而在 f1 内又无对 x、y 的说明，所以它们在 f1 内无效。a、b 定义在源程序最前面，因此在 f1、f2 及 main 内不加说明也可使用。

【例 5.7】　全局变量和局部变量同名的例子。

int a=5,b=7;

```
int min(int a,int b)
{
    int z;
    z=a<b?a:b;
    return z;
 }
int  main()
 {
    int a=3;
    printf("%d\n",min(a,b));
return 0;
 }
```

程序运行结果：3

温馨提示
（1）全局变量可以和局部变量同名，当局部变量有效时，同名全局变量不起作用。

（2）使用全局变量可以增加各个函数之间的数据传输渠道，在一个函数中改变一个全局变量的值，在另外的函数中就可以利用。但是，使用全局变量使函数的通用性降低，使程序的模块化、结构化变差，所以要慎用、少用全局变量。

5.2.3　存储类别

变量两大属性：数据类型、存储类别。

变量的数据类型决定了数据所占的存储空间。存储类别规定了变量在计算机内部的存放位置，决定变量的"寿命"（何时"生"，何时"灭"）。

一个完整的变量说明格式如下：

	存储类别	数据类型	变量名
如	static	int	x , y ;

静态存储区中的变量与程序"共存亡"，在程序运行期间占据固定的存储空间；动态存储区中的变量与函数"共存亡"，在程序运行期间根据需要动态分配存储空间。寄存器中的变量同动态存储区一样，与函数"共存亡"。寄存器变量在性质上同动态变量。

C 程序的存储类别有：register 型（寄存器型）、auto 型（自动变量型）、static 型（静态变量型）、全局变量。

register 型（寄存器型）变量：变量值存放在运算器的寄存器中——存取速度快，一般只允许 2～3 个，且限于 char 型和 int 型，通常用于循环变量。

auto 型（自动变量型）变量：变量值存放在主存储器的动态存储区，属于局部变量的范畴。优点是同一内存区可被不同变量反复使用。未说明存储类别时，函数内定义的变量默认为 auto 型。

static 型（静态局部变量型）变量：变量值存放在主存储器的静态存储区。程序执行开始至结束，始终占用该存储空间。

全局变量：属于"静态存储"性质，即从变量定义处开始，在整个程序执行期间其值都存在。全局变量可用于在函数间传值。使用关键字 extern 声明已经存在的全局变量，可以扩展全局变量的作用域，称之为外部变量。外部变量一般用于多个文件组成的程序中，有些变量在多个文件中被说明，但却是同一变量，指出某变量为外部变量就避免了重复分配内存。

【例 5.8】 用 extern 声明已经存在的变量。

```
void num()
{   extern int x,y;
    int a=15,b=10;
    x=a-b;
    y=a+b;
}
int  x,y;
int main()
{   int a=7,b=5;
    x=a+b;
    y=a-b;
    num();
    printf("%d,%d\n",x,y);
return 0;
}
```

运行结果：

5,25

表 5-1 所示为局部变量、全局变量、外部变量的比较。

表 5-1　　　　　　　　　局部变量、全局变量、外部变量的比较

	局部变量			全局变量	
存储类别	auto	register	static	static	非 static
存储方式	动态			静态	
存储区	动态区	寄存器		静态存储区	
生存期	函数调用开始至结束			整个程序运行期间	
作用域	定义变量的函数及复合语句内		本源程序文件	整个源程序（所有源文件）	
赋初值	每次函数调用时			编译时赋初值，只赋一次	
未赋初值	不确定			自动赋初值 0 或空字符	

5.3　递归问题——求 n !

5.3.1　案例描述

1．提出问题

求 *n*！首先想到的是用循环语句，但对于较复杂的问题，我们不妨换个思路，将原有的问题能够分解为规模较小的一个新问题，而新问题又用到了原有的解法，这就是递归方法。那么如何采用递归方法求 *n*！呢？

2．程序执行结果

Input n: 5

5!=120

3．涉及知识点

归纳出递归公式，自定义递归函数。

5.3.2　递归函数

函数允许嵌套调用和递归调用。递归调用是嵌套调用的特例。

（1）函数的递归调用：是指函数直接调用或间接调用自己，或调用一个函数的过程中出现直接或间接调用该函数自身。前者称为直接递归调用，后者称为间接递归调用。

例如：->f1()->f1()直接递归调用；->f1()->f2()->f1()间接递归调用。

（2）使用递归调用解决问题的方法：（有限递归）

① 原有的问题能够分解为一个新问题，而新问题又用到了原有的解法，这就出现了递归。

② 按照这个原则分解下去，每次出现的新问题均是原有问题的简化的子问题。

③ 最终分解出来的新问题是一个已知解的问题。

（3）递归调用过程（两个阶段）。

① 递推阶段：将原问题不断地分解为新的子问题，逐渐从未知的向已知的方向推测，最终达到已知的条件，即递归结束条件，这时递推阶段结束。

② 回归阶段：从已知条件出发，按照"递推"的逆过程，逐一求值回归，最终到达"递推"的开始处，结束回归阶段，完成递归调用。

（4）递归公式的一般形式是：

```
递归函数名 f(参数 x)
{
    if (n==初值)  结果=…;
    else          结果=含 f(x-1)的表达式;
    返回结果（return）;
}
```

5.3.3　程序解析

【例 5.9】　用递归法求 *n*！。

分析：实际上，递归程序分如下两个阶段执行。

（1）回推（调用）：欲求 $n!$ →先求 $(n-1)!$ →$(n-2)!$ → … → $1!$。

若 $1!$ 已知，回推结束。

（2）递推（回代）：知道 $1!$ →$2!$ 可求出→$3!$ → … → $n!$。

设计一个函数（递归函数），这个函数不断使用下一级值调用自身，直到结果已知处（使用选择结构）。以求 4 的阶乘为例：

$4!=4*3!$，$3!=3*2!$，$2!=2*1!$，$1!=1$，$0!=1$。

递归结束条件：当 $n=1$ 或 $n=0$ 时，$n!=1$。

递归公式：

$$n! = \begin{cases} 1 & 0,1 \\ n \times (n-1)! & n > 1 \end{cases}$$

在主函数中用终值 n 调用递归函数。

程序代码：

```c
int main()
{
    int n;
    float s;
    float fact();
    clrscr();
    printf("Input n=");
    scanf("%d",&n);
    s=fac(n);
    printf("%d!=%.0f",n,s);
    return 0;
}
float fact(int x)
{
    int f;
    if (x==0||x==1)    f=1;
    else    f=fact(x-1)*x;
    return f;
}
```

注意

（1）无论直接递归还是间接递归，都必须保证在有限次调用之后能够结束。

（2）函数调用时，系统要付出时间和空间的代价，在环境条件相同的情形下，总是非递归程序效率较高。

【例 5.10】 反序输出一个正整数的各位数值，如输入 542，输出 245。

方法一：使用递归函数。

```c
#include "stdio.h"
void converse(int n)
{
    if(n<10) {printf("%d",n);return;}
    printf("%d",n%10);
    converse(n/10);
}
int main()
{
```

```
    int t;
    printf("input a positive number: ");
    scanf("%d",&t);
    converse(t);
    return 0;
}
```

方法二：不使用递归函数。

```
#include "stdio.h"
void converse(int n)
{
    if(n<10) {printf("%d",n);return;}
    do
    {   printf("%d, ",n%10);
        n/=10;
    }while(n >=10);
}
int main()
{
    int t;
    printf("input a positive number: ");
    scanf("%d",&t);
    converse(t);
    return 0;
}
```

 温馨提示　方法一的设计使用了递归函数，显然程序的结构比方法二要清晰。

5.4　编译预处理

所谓编译预处理是指在对源程序进行编译之前，先对源程序中的编译预处理命令进行处理；再将处理的结果，和源程序一起进行编译，以得到目标代码。

预处理功能是 C 语言特有的功能，它是在对源程序正式编译前由预处理程序完成的。程序员在程序中用预处理命令来调用这些功能。

编译预处理命令是程序命令的重要补充。编译预处理命令是给编译器的工作指令，这些编译指令通知编译器在编译工作开始之前对源程序进行某些处理，所有的编译预处理命令都用 "#" 来引导。

编译预处理命令主要包括宏定义、文件包含、条件编译。

5.4.1　宏定义

学好 C 语言，"漂亮"的宏定义很重要，使用宏定义可以防止出错，提高可移植性、可读性、方便性等。

所谓"宏"就是在程序的开始将一个"标识符"定义成"一串符号"，称为"宏定义"，这个"标识符"称为"宏名"；在源程序中可以出现这个宏，称为"宏引用"或"宏调用"；在源程序编译前，将程序清单中每个"宏名"都替换成对应的"一串符号"，称为"宏替换"，也称为"宏扩展"（为了区别于一般的变量名、数组名、指针变量名，宏名通常都用大写字母组成）。宏定义是以"# define"开头的编译预处理命令，分为无参宏和带参宏两种。

宏定义分为不带参数的宏定义和带参数宏定义两种。

1. 不带参数宏定义（简单替换）

【例 5.11】 利用不带参数的宏定义求圆的面积和周长。

```
#define 标识符 字符串
#define PI 3.14            /*宏定义,其中 PI 是宏名,代表 3.14*/
int main()
{
    float r=3,s,c;
    s=PI*r*r;  c=2*PI*r;    /*宏调用*/
    /*宏展开时,相当于 s=3.14*r*r;  c=2*3.14*r; */
    printf(r,s,c);
    return 0;
}
```

说明：

（1）宏名的前后应有空格，以便准确地辨认宏名。

（2）本命令不是语句，其后不要跟分号（；）。若写上;, 分号也作为字符串的一部分参加展开。从这点上看，宏展开实际上是简单的替换。

例如：#define PI 3.14; 展开为 s=3.14; *r*r; （导致编译错误）。

（3）#define 宏定义宏名的作用范围从定义命令开始直到本源程序文件结束。所以一般将宏定义放在源程序开头。可以通过#undef 终止宏名的作用域，即宏的作用域应该是从定义处到文件尾或命令"#undef"出现处。

（4）在宏定义中，可以出现已经定义的宏名，还可以层层置换。

如：计算半径为 5 的圆的周长和面积。

```
#define R       5
#define PI      3.1415926
#define Circle  2*PI*R
#define Area    PI*R*R
 int main()
{
    printf("Circle=%f,Area=%f",Circle,Area);
    return 0;
}
```

（5）宏名出现在双引号" "括起来的字符串中时，将不会产生宏替换（因为出现在字符串中的任何字符都作为字符串的组成部分）。

（6）宏定义是预处理指令，与定义变量不同，只进行简单的字符串替换，不分配内存。

2. 带参数宏定义

定义宏时可以带有形式参数（简称形参）；程序中引用宏时，可以带有实际参数（简称实参）；宏替换时将先用实参替换形参，再进行宏替换，从而使得宏的功能更强。定义带参宏的编译预处理命令格式如下：

[格式]#define 宏名（形参表）字符串

C 语言规定，带参数宏定义不只是进行简单的字符串替换，还要进行参数替换。

【例 5.12 】　利用带参数的宏定义，求两数中较小的数。

```
#define MIN(a,b)  (a<b)?a:b
int main()
{
    int x,y,min;
    printf("input two numbers: ");
    scanf("%d%d",&x,&y);
    min=MIN(x,y);
    printf("min=%d\n",min);
    return 0;
}
```

程序分析：第一行进行带参宏定义，用宏名 MIN 表示条件表达式(a<b)?a:b，形参 *a*、*b* 均出现在条件表达式中。程序第七行 min=MIN(x,y)为宏调用，实参 *x*、*y*，将代换形参 *a*、*b*。宏展开后该语句为：min=(x<y)?x:y;，用于计算 x、y 中的大数。

5.4.2　文件包含命令

文件包含命令行的一般形式为：#include "文件名"。

文件包含命令功能是把指定的文件插入该命令行位置，取代该命令行，从而把指定的文件和当前的源程序文件连成一个源文件。

在程序设计中，文件包含是很有用的。一个大的程序可以分为多个模块，由多个程序员分别编程。有些公用的符号常量或宏定义等可单独组成一个文件，在其他文件的开头用"包含"命令包含该文件即可使用。这样，可避免在每个文件开头都去书写那些公用量，从而节省时间，并减少出错。

说明：

（1）"包含"命令中的文件名可以用双引号括起来，也可以用尖括号括起来。例如以下写法都是允许的：

```
# include "stdio.h"
# include <string.h>
```

被包含的头文件可以用""括起来，也可以用<>括起来。区别在于：<>先在 C 系统目录中查找头文件，""先在用户当前目录查找头文件。

习惯上，用户头文件一般在用户目录下，所以常常用""；系统库函数的头文件一般在系统指定目录下，所以常常用<>。

（2）一个 include 命令只能指定一个被包含文件，若要包含多个文件，则需用多个 include 命令。

（3）文件包含允许嵌套，即在一个被包含的文件中又可以包含另一个文件。

（4）被包含的文件常常被称为"头文件"（#include 一般写在模块的开头）。头文件常常以".h"为扩展名（也可以用其他的扩展名，.h 只是习惯或风格）。

（5）在多模块应用程序的开发上，经常使用头文件组织程序模块。

头文件成为共享源代码的手段之一。程序员可以将模块中某些公共内容移入头文件，供本模块或其他模块包含使用。比如，常量，数据类型定义。

头文件可以作为模块对外的接口。例如，可以供其他模块使用的函数、全局变量声明。

（6）头文件常常包含如下内容：

用户定义的常量；

用户定义的数据类型；

用户模块中定义的函数和全局变量的声明。

5.4.3　条件编译

预处理程序提供了条件编译的功能。 可以按不同的条件去编译不同的程序部分，因而产生不同的目标代码文件。条件编译指令将决定哪些代码被编译，而哪些是不被编译的。可以根据表达式的值或者某个特定的宏是否被定义来确定编译条件。这对于程序的移植和调试是很有用的。

条件编译广泛运用于商业软件，可以为一个程序提供多个版本，不同的用户使用不同的版本，运用不同的功能。

条件编译命令共有 4 个：

```
#if; #else; #ifde;f #endif
```

主要有以下 3 种形式。

（1）第一种形式

```
#ifdef 标识符
程序段 1
#else
程序段 2
#endif
```

它的功能是，如果标识符已被 #define 命令定义过，则对程序段 1 进行编译；否则对程序段 2 进行编译。如果没有程序段 2，本格式中的#else 可以没有。

（2）第二种形式

```
#ifndef 标识符
程序段 1
#else
程序段 2
#endif
```

与第一种形式的区别是将"ifdef"改为"ifndef"。它的功能是，如果标识符未被#define 命令定义过，则对程序段 1 进行编译，否则对程序段 2 进行编译。这与第一种形式的功能正好相反。

（3）第三种形式

```
#if 常量表达式
程序段 1
#else
程序段 2
#endif
```

它的功能是，如果常量表达式的值为真（非 0），则对程序段 1 进行编译，否则对程序段 2 进行编译，因此可以使程序在不同条件下，完成不同的功能。

5.5　综合应用

【例 5.13】　判断一个整数是否为素数。

程序代码 1：利用自定义函数返回值。

```
#include "math.h"
int main()
{   int x,pn();
    scanf("%d",&x);
    if(ss(x)==1) printf("%5d is  a prime number",x);
    else printf("%5d is not a prime number",x);
    return 0;
}
int pn(int n)
{   int i,flag=1;
    for(i=2;i<=(int)sqrt(n);i++)
        if(n%i==0) {flag=0;break;}
    return(flag);
}
```

程序代码 2：利用全局变量返回值。

```
#include "math.h"
int flag;
int main()
{
    int x;
    void pn();
    scanf("%d",&x);
    ss(x);
    if(flag==1) printf("%5d is  a prime number",x);
    else printf("%5d is not a prime number",x);
    return 0;
}
void pn(int n)
{   int i;
    flag=1;
    for(i=2;i<=(int)sqrt(n);i++)
        if(n%i==0) {flag=0;break;}
}
```

【例 5.14】　利用递归函数，求解以下问题。有 5 个人，第 5 个人说他比第 4 个人大 2 岁，第 4 个人说他对第 3 个人大 2 岁，第 3 个人说他对第 2 个人大 2 岁，第 2 个人说他比第 1 个人大 2 岁，第 1 个人说他 10 岁。求第 5 个人多少岁。

程序代码如下。

```
age(int n)
{   int c;
    if (n==1) c=10;
    else c=age(n-1)+2;
    return c;
}
int main()
{   printf("%d",age(5));
    return 0;
}
```

5.6　小　　结

本章主要介绍了用户自定义函数的编写、调用方法、递归调用，以及 C 语言程序中用到的几种变量：全局变量、局部变量及静态局部变量的使用方法及应用特点。最后介绍了一些编译预处理的基础知识。

学习完本章，我们应该了解了一个完整的 C 程序以函数为核心，由以下几部分组成：有且只有一个主函数；任意多个用户自定义函数；全局说明；预处理命令。

习　题

1. 设计一个函数，求解 10000 以内的完全数。说明：若一个自然数，恰好与除去它本身以外的一切因数的和相等，这种数叫做完全数，例如，6=1+2+3。

2. 设计一个函数 Max Common Factorcl，利用欧几里德算法（也称辗转相除法）计算两个正整数的最大公约数。

3. 利用递归函数求解 Fibonacci 数列问题。Fibonacci 数列表示的是除第 1、2 位数字外从第三位数开始每一位都与前两位之和，例如：1，1，2，3，5，8，13。

第6章
数 组

学习目标

- 掌握一维数组的定义和使用特点，掌握冒泡法、选择法排序；
- 掌握二维数组类型的定义和使用特点；
- 掌握字符数组及字符串的定义；
- 掌握数组作为函数参数的使用方法。

重点难点

- 重点：一维数组、二维数组的定义及使用，冒泡法和选择法、字符数组的定义和使用。
- 难点：理解冒泡法和选择法排序，理解数组作为函数参数的本质。

6.1　一组数据的排序

6.1.1　案例描述

1. 提出问题

排序是计算机应用中最常用的操作之一，如学生按成绩排序，通信录中按姓氏排序等。对于给定的 n 个数按从小到大进行排序，按前面章节的知识，这些数只能存放在多个变量中，而多个变量的定义和比较是非常繁琐的，能不能引进一种新的数据类型来简化排序呢？能，那就是利用数组。

下面就利用数组解决排序问题：对于给定的 n 个数，要求按一定的逻辑顺序进行排序。

2. 程序执行结果

排序结果如图 6-1 所示。

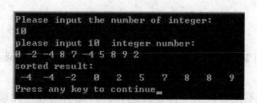

```
Please input the number of integer:
10
please input 10  integer number:
0 -2 -4 8 7 -4 5 8 9 2
sorted result:
 -4 -4 -2  0  2  5  7  8  8  9
Press any key to continue_
```

图 6-1　数组元素排序结果

3. 涉及知识点

数组以及对数组中元素的使用。

6.1.2　一维数组的定义

前面所用到的数据均为基本类型（整、实、字符等），为了丰富数据类型，C 语言提供了强有力的数据表达方式——构造类型数据，构造型数据由基本类型数据按一定的规则组合在一起，也称 "导出类型"。常用的有数组类型、结构体类型、共用体类型等。

数组是有限个具有相同类型、相同属性的数据的有序集合。所谓 "有序" 是指数组中各元素除了第一个、最后一个外，每一个元素有且只有一个前趋和一个后继；用一个数字序号（下标）来表示某元素在数组中的位置；一个数组用一个统一的名称——数组名表示，数组中的元素由数组名和下标来唯一地确定，数组在计算机内存中是连续存放的。

一维数组是指只有一个下标的数组。数组同普通变量一样，必须先定义后使用。

1.　定义格式

[存储类别] 数据类型数组名[长度]；

例如：int a[100]; 定义了一个数组 a，长度为 100，数组元素类型为整型。

2.　说明

（1）存储类别分为 4 种：静态存储（static）、动态存储（auto）、外部存储（extern）和寄存器存储（register）。

（2）数据类型：指的是数组元素的类型，可以是基本数据类型，也可以是构造数据类型。数据类型确定了每个数组元素占用的内存字节数。比如整型 4 字节，实型 4 字节，双精度 8 字节，字符型 1 字节。

（3）数组名：按标识符规则命名。本例中 a 就是数组名。C 语言还规定，数组名中存放的是一个地址常量，它代表整个数组的首地址。即 a==&a[0]，同一数组中的所有元素，按其下标的顺序在内存中占用一段连续的存储单元。数组名后面是用 "[　]" 括起来的常量表达式，不能用 "（　）"。

（4）长度：表示数组元素个数。即数组长度。数组的下标从 0 开始，可以是常量、符号常量或常量表达式，不允许用变量。一个一维数组在内存中占据 "长度*sizeof（数据类型）" 个连续单元。C 语言只支持定长数组，不允许对数组的大小做动态定义，即数组的大小不依赖于程序运行过程中的变量的值。例如，下面的定义数组是不允许的：

```
int n;
scanf("%d",&n);
int a[n];
```

6.1.3　一维数组的引用

1.　引用格式

数组名[下标]

2.　说明

（1）"下标" 可以是非负的整型常数、已经赋值的整型变量、整型表达式、常量或符号常量，取值范围为[0～n-1]。

（2）C 语言编译系统不检查数组下标是否越界，因此引用数组元素时，不能越界使用，否则程序及数据会被破坏。

（3）在 C 语言中，数组作为一个整体，不能参加数据运算，只能对单个元素进行处理。一个数组元素，实质上就是一个变量，它具有和相同类型普通变量一样的属性，可以对它进行赋值和参与各种运算。因此，不能对数组整体输入输出和引用，只能逐个对数组元素进行操作。如果要输入输出一个数组的所有元素，一般与循环结构结合使用。

【例 6.1】　为一维数组输入输出 10 个数据。

```
#include "stdio.h"
int main()
{
  int i,a[10];
  for(i=0;i<10;i++)                    /* 为数组中各元素通过键盘赋值 */
    {
      printf("input a[%d]:",i);        /* 提示信息：输入 a[i]的值 */
      scanf("%d",&a[i]);
    }
  for(i=0;i<10;i++)                    /* 输出数组各元素值 */
    printf("a[%d]=%d\t",i,a[i]);
  return 0;
}
```

因此两个数组名之间不能直接赋值，即使这两个数组类型、长度完全相同。

```
int  a[20],b[20],i;          /* 定义整型数组 a，b，长度都为 20 */
b=a;                         /* 错误! */
应对单个元素进行赋值：
for(i=0;i<20;i++)                      /* 正确! */
  b[i]=a[i];
```

6.1.4　一维数组的初始化

数组可以在定义时初始化，即给数组元素赋初值。

初始化格式：[存储类别]　数据类型数组名[长度] = {初值表}；

数组初始化常见的几种形式如下所述。

（1）对数组所有元素定义时赋初值，此时数组定义中数组长度可以省略。

例如：int a[5]={1,2,3,4,5};

或　　int a[]={1,2,3,4,5};　　　　　/* 省略数组长度 */

结果为：a[0]=1, a[1]=2, a[2]=3, a[3]=4, a[4]=5。

（2）对数组部分元素赋初值，此时数组长度不能省略。

例如：int a[5]={1,2};

结果为：a[0]=1，a[1]=2，其余元素值为编译系统指定的默认值 0。

（3）对数组的所有元素赋初值 0。

例如：int a[5]={0};

或　　int a[5]={0,0,0,0,0};

如果不进行初始化，如定义 int a[5]，那么数组元素的值是随机的。

【例 6.2】　从键盘输入 10 个整数，打印其中的最小值。

程序分析：程序中使用一维数组存放用户输入的 10 个整数。找最小值可以定义一个参照值（min），选数组的第一个元素作为参照值，其他所有的元素与 min 进行比较，若小于 min，则将其赋予 min，此时 min 存放的一直是较小的一个。

源代码参考如下。

```
#include "stdio.h"
int main()
{
    int i,min,a[10];            /* min 最小值，数组 a 存放 10 个整数 */
    for(i=0;i<10;i++)           /* 键盘输入数组元素的值 */
    {
        printf("input a[%d]:",i);
        scanf("%d",&a[i]);
    }
    min=a[0];                   /* 把数组中第一个元素的值赋给 min */
    for(i=0;i<10;i++)           /* 查找数组元素中最小值 */
        if(a[i]<min)  min=a[i]; /* 满足条件进行赋值 */
printf("\nThe min number is:%d",min);
    return 0;
}
```

程序运行结果如图 6-2 所示。

```
input a[0]:4
input a[1]:7
input a[2]:1
input a[3]:89
input a[4]:4
input a[5]:-6
input a[6]:-3
input a[7]:8
input a[8]:0
input a[9]:-8

The min number is:-8
Press any key to continue
```

图 6-2 求数组元素最小值

温馨提示   本题中参考值的选取是关键，如果将其他元素或常量（如 0,1）作为参考值，程序逻辑性变差，复杂度会提高，因此参考值一般会选取特殊位置的值。

练习 6-1   统计整型数组中元素分别是正数、负数和 0 的个数。

6.1.5   程序解析

【例 6.3】   采用冒泡法对一组数进行排序。

为了方便高效地进行排序，需要使用一维数组结构存储 n 个元素，然后通过数组中元素的引用与比较进行元素交换，遍历所有元素后得出满足一定逻辑要求的有序数组。

1. 冒泡法

所谓"冒泡法"就是大数下沉或小数上浮的过程。

冒泡排序的思想是：从第一个数开始，将第一个数同第二个进行比较，如果前一个大于后一个，则交换两个数，否则不进行交换。再将第二个同第三个比较，依次比较到最后，则最大数就交换到最后位置，称为一趟排序，总共比较 $n-1$ 次。再进行下一趟排序，次大数就交换到倒数第二个位置，共比较 $n-2$ 次。依次执行下去，共进行 $n-1$ 趟排序，整个数组排序完毕，变为由小到大的有序数组。

数组的冒泡过程可分为两大步：在 n 个数的 $n-1$ 趟排序中，排序过程及步骤均相同，可以通过外层循环实现趟数的控制；在每一趟排序中，进行相邻两个数的比较，交换过程是从前向后进行的，也是基本相同的，因此可以通过内层循环来实现。

冒泡排序过程可表示如图 6-3 所示。

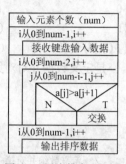

图 6-3　冒泡排序过程图

2. 源代码

```
#include "stdio.h"
int main()
{
  int i,j,temp,num;              /* temp 存储临时数据, num 存储用户输入整数个数 */
  int a[100];                    /*整型数组 a 的长度为 100*/
  printf("Please input the number of integer:\n");
  scanf("%d",&num);
  printf("please input %d  integer number:\n",num);
  for(i=0;i<num;i++)             /* 键盘输入 num 个整数 */
     scanf("%d",&a[i]);
  for(i=0; i<num-1; i++)         /* num-1 次大数沉底 */
     for(j=0;j<num-i-1;j++)      /* 冒泡排序 */
        if(a[j]>a[j+1])          /* 满足条件交换 */
          { temp=a[j]; a[j]=a[j+1]; a[j+1]=temp; }
  printf("sorted result:\n");
  for(i=0;i<num;i++)             /* 输出排序后结果 */
     printf("%3d ",a[i]);
  printf("\n");
  return 0;
}
```

温馨提示　　对比例 6.2，元素比较带来的操作一个是赋值，一个是交换，因此程序实现的语句是不同的。如果不用数组，使用其他基本数据类型，程序复杂度会提高，除了冒泡之外，还有非常多的算法可以实现排序。

练习 6-2　在有序的一维数组中插入一个数，使插入后的数组仍然有序。

温馨提示　　实现算法与排序类似。主要操作是查找到位置然后插入。位置查找可从前向后查，找到位置其余元素后移。较好的方法是从后向前查，边查边移动，或者，直接插入到最后，然后边比较边移动。

6.1.6　一维数组的应用

【例 6.4 】　利用一维数组来处理 Fibonacci 数列问题，输出数列的前 20 项。

Fibonacci 数列如下。

$$f(n)\begin{cases} 0 & (n=1) \\ 1 & (n=2) \\ f(n-1)+f(n-2) & (n>2) \end{cases}$$

分析：求 Fibonacci 数列分两步，一是定义数据并对对第 1、2 项赋初值，二是利用循环计算剩余项。注意下标越界问题的判断。

源代码参考如下。

```c
main ( )
   { int i;
      static long f[20]={1, 1};  /* 定义数组并对第一、第二项赋初值 1 */
      for (i=2; i<20; i++)        /* 处理前 20 项,i=2 表示从第三项开始 */
        f [i]=f [i-2]+f [i-1];
      for (i=0; i<20; i++)
       {
        if (i%5 = =0) printf("\n");   /*控制输出换行*/
        printf("%12ld",f[i]);      }
       }
```

6.2　矩阵转置

6.2.1　案例描述

1. 提出问题

矩阵运算是数学以及实际应用中常用的运算，其中的矩阵转置较为简单，但如何利用程序对其进行快速转置呢?

矩阵转置问题。随机产生 $N*N$ 个两位自然数，排列成 N 阶方阵，要求将矩阵转置后输出。

2. 程序执行结果

程序执行结果如图 6-4 所示。

图 6-4　矩阵转置结果图

3. 涉及知识点

使用二维数组存储矩阵，通过数组中行与列元素的交换实现矩阵的转置。

6.2.2　二维数组的定义

二维数组是数组元素为双下标的数组，可以看作是排列为行列的形式。二维数组也用统一的数组名来标识，第一个下标表示行，第二个下标表示列，下标均从 0 开始。

1. 定义格式

[存储类别]　数据类型数组名[行数][列数]；

例如：int a[3][4]；

2. 说明

（1）二维数组中的每个数组元素都有两个下标，且必须分别放在单独的"[]"内。

（2）二维数组定义中的第 1 个下标表示该数组具有的行数，第 2 个下标表示该数组具有的列数，两个下标之积是该数组具有的数组元素的个数。本例中数组是一个 3 行 4 列的二维数组，数组具有 3*4=12 个元素。

（3）二维数组中的每个数组元素的数据类型均相同。在内存中开辟行数*列数*sizeof（数据类型）个单元来连续存放数组各元素，存放规律是"按行排列"。

设有一个 m*n 的二维数组 a（int 型），数组在内存中的初始存放地址为：1000，则第 i 行第 j 列的元素 a[i][j] 在内存中的存放地址为：1000+（i*n+j）*4。

（4）C 语言对二维数组采用这样的定义方式，可以把二维数组元素看作是一种特殊的一维数组，该一维数组的元素又是一维数组。

本例中可以把 a 看作是一个一维数组，它有 3 个元素：a[0]、a[1]、a[2]，每个元素又是一个包含 4 个元素的一维数组。可以把 a[0]、a[1]、a[2] 看作是一维数组的名字，以上定义的二维数组可以理解为定义了 3 个一维数组，相当于：

int a[0][4], a[1][4], a[2][4];

6.2.3　二维数组元素的引用

定义了二维数组后，就可以引用该数组的所有元素。

1. 引用形式

数组名[行下标][列下标]

2. 说明

（1）"行下标"和"列下标"都应是非负的整型常数、已经赋值的整型变量、整型表达式、常量或符号常量。

（2）"行下标"和"列下标"的值都应在已定义数组大小的范围内。假设有数组 a[3][4]，则可用的行下标范围为[0～2]，列下标范围为[0～3]。

（3）对基本数据类型的变量所能进行的操作，也都适合于相同数据类型的二维数组元素。

6.2.4　二维数组的初始化

1. 按行赋初值

[存储类别]　数据类型数组名[行数][列数]={{第 0 行初值表}，{第 1 行初值表}，……，{最后 1 行初值表}}；

例如：int a[2][4]={{1,2,3,4},{5,6,7,8}};　　/*给所有元素赋初值*/

int a[2][4]={{1,2},{5}};　　　　　　　　/*给部分元素赋初值*/

2. 按二维数组在内存中的排列顺序给各元素赋初值

[存储类别] 数据类型数组名[行数][列数] = {初值表};

如果对全部元素都赋初值，则"行数"可以省略。注意：不能省略"列数"，系统按数据总个数和每行的列数确定出行数。

例如：int a[2][4]={1,2,3,4,5,6,7,8};

同：int a[][4]={1,2,3,4,5,6,7,8};

3. 可以将所有数据写在一个"{ }"内，系统自动按数组元素的排列顺序赋初值。

例如： int a[3][4]={1,2,3,4,5,6,7,8,9,10,11,12} ;

4. 可以对部分元素赋初值

例如：int a[3][4]={ {1},{5},{9} };

int a[3][4]={{2},{ },{7}};

inta[3][4]={{1},{0,6},{0,0,11}};

6.2.5 程序解析

【例 6.5】 矩阵转置问题。随机产生 $N \times N$ 个两位自然数，排列成 N 阶方阵，要求将矩阵转置后输出。

矩阵的转置是将矩阵中的元素行列互换。在例 6.3 中，随机产生 N2 个两位自然数，可以使用 C 语言提供的函数库中的随机函数实现，用二维数组 a[N][N]存储原始矩阵中的数据，然后定义二维数组 b[N][N]存放转置后的矩阵。转置实现过程如图 6-5 所示。

图 6-5 矩阵转置过程图

源代码参考如下。

```c
#include "stdio.h"
#include "stdlib.h"
#define N 5
int main()
{
   int i,j,a[N][N],b[N][N];
printf("The initial matrix is:\n");
for(i=0;i<N;i++)              /* 随机产生原始数组并输出 */
   {
        for(j=0;j<N;j++)
      {
  a[i][j]=rand()%90+10;
         printf("%3d",a[i][j]);
}
printf("\n");
```

```
    }
    for(i=0;i<N;i++)              /* 转置矩阵放于 b 数组中 */
        for(j=0;j<N;j++)  b[j][i]=a[i][j];
printf("The reverse matrix is:\n");
    for(i=0;i<N;i++)              /* 输出转置数组 b 各元素值 */
{
    for(j=0;j<N;j++)  printf("%3d",b[i][j]);
        printf("\n");
    }
return 0;
}
```

 温馨提示　　对二维数组的遍历访问，一般都采用双重循环（行循环，列循环）。当数组元素的下标在两个及以上时，称为多维数组。多维数组的定义引用及初始化同二维数组类似，操作时一般对每一维操作需要一个循环实现。

练习 6-3　求矩阵中元素的最大值与最小值，输出其所在的行号和列号；并求两对角线元素之和及所有外围元素之和。

6.2.6　多维数组

当数组元素的下标在 2 个或 2 个以上时，该数组称为多维数组。其中以 2 维数组最常用。

多维数组的定义如下：

[存储类别]　数据类型数组名[第 1 维长度] [第 2 维长度]... [第 n 维长度]；

例如：int a[2][3][3]；

定义了一个三维数组 a，其中每个数组元素为整型。总共有 2×3×3=18 个元素。

6.3　判断字符串是否是回文

6.3.1　案例描述

1．提出问题

字符及字符串是计算机处理日常操作应用最广泛的数据类型，在 C 语言中使用字符数组存放字符串。本小节通过判断一个字符串是否是回文介绍对字符串的编程操作。

2．程序执行结果

Input a string：abcddcba

Result: Yes

3．涉及知识点

定义字符串，通过引用字符串中每个元素进行比较。

涉及的操作有字符串的定义、初始化、引用、输出及对字符串中字符个数、元素的比较等。

6.3.2　字符数组与字符串的区别

字符串（字符串常量）是用双引号括起来的由字母、数字、符号、转义符等若干有效的字符组成的序列。字符数组是存放字符型数据的数组。C 语言没有提供字符串变量，对字符串的处理常常采用字符数组来实现。

C语言规定以空字符'\0'（ASCII 码值为 0 的字符）作为"字符串结束标志"，其在内存中占用一个字节。对于字符串常量，C 编译系统自动在其最后增加一个结束标志；而字符数组则不会，因此使用字符数组参与字符串操作时注意二者的区别。

6.3.3 字符数组的定义及初始化

字符数组的定义及使用同其他类型的数组一样，只是数组元素的类型为字符型。字符数组分为一维字符数组和多维字符数组。一维字符数组常常存放一个字符串，二维字符数组常用于存放多个字符串，可以看作是一维字符串数组。

1. 定义格式

[存储类别]　char　数组名[长度];

例如：char ch[6];　/*定义 ch 为字符数组，包含 6 个元素*/

2. 字符数组的初始化

（1）以字符常量的形式对字符数组初始化。

格式：[存储类别]　char　数组名[长度]={字符常量初值表};

例如：char ch[6]={'C','h','i','n','a','!'};

同：ch[0]='C'; ch[1]='h'; ch[2]='i'; ch[3]='n'; ch[4]='a'; ch[5]='!';

说明：

如果初值表中字符个数大于数组长度，则是语法错误。

如果初值表中字符个数小于数组长度，则将初值表中字符赋给字符数组中前面的元素，其余元素系统自动赋初值为'\0'。

如果初值表中字符个数等于数组长度，在定义时可以省略数组长度，系统会自动根据初值个数确定数组长度。

例如：char ch[]={'C','h','i','n','a','!'};/*数组 ch 的长度自动定义为 6*/

（2）以字符串的形式对字符数组初始化。

格式：[存储类别]　char　数组名[长度]={字符串常量};

或：　[存储类别]　char　数组名[长度]=字符串常量;

例如：char str1[]={"CHINA"};

或 char str1[6]= "CHINA";

如果字符串常量中字符的个数小于数组长度，则在数组的后面以'\0'填充。因此以字符串常量形式对字符数组初始化时，系统会自动在该字符串的最后加入字符串结束标志。

6.3.4 字符数组的输入/输出

1. 逐个字符输入输出

采用"%c"格式说明符，像处理基本数据类型数组元素一样输入/输出。

【例 6.6】　将字符逐个输入到字符数组，再从数组中逐个输出字符。

```c
#include "stdio.h"
int main()
{
    char ch[5];
    int i;
```

```
    for(i=0;i<5;i++)   scanf("%c",&ch[i]);/*为数组各元素赋初值*/
    for(i=0;i<5;i++)   printf("%c",ch[i]);/*输出数组各元素值*/
    return 0;
}
```

程序执行结果：

键盘输入：China↙

屏幕输出：China↙

温馨提示　　格式化输入是缓冲读。系统在接收到"回车"时，scanf 才开始读取数据。根据前面讲述内容可知读取字符数据时，空格、Tab、回车都作为普通字符被读取，并保存在字符数组中。如果按回车键时，输入的字符少于 scanf 循环读取的字符时，scanf 继续等待用户将剩下的字符输入；如果按回车键时，输入的字符多于 scanf 循环读取的字符，scanf 循环只将前面的字符读入。例如：

键盘输入：Chi↙

　　　　　na↙

屏幕输出：Chi

　　　　　n

此时↙作为一个字符，因此最后的字符'a'将丢失。

2. 整个字符串的输入/输出

采用"%s"格式符来实现。

【例 6.7】　将整个字符串输入到数组，再按字符串输出。

```
#include "stdio.h"
int main()
{
    char ch[60];
    scanf("%s",ch);
    printf("%s",ch);
return 0;
}
```

程序运行结果：

键盘输入：China↙

屏幕输出：China

温馨提示　　格式化输入/输出字符串时，输入项参数要求是字符数组的首地址，即字符数组名。根据前面讲解的内容可知，按照"%s"格式输入字符串时，系统自动在最后加字符串结束标志'\0'，但输入的字符串中不能有空格等结束符，否则空格后面的字符不能读入，因为 scanf 函数认为输入的是两个字符串。如果要输入含有空格的字符串，可以使用 gets()函数。当使用"%s"格式输出字符串时，应该确保末尾有"字符串结束标志'\0'"，并且保证字符数组分配了足够的空间。

6.3.5　字符串处理函数

C 语言的函数库中提供了字符串处理函数，这些函数定义在 string.h 头文件中，可以使用预编译命令# include <string.h>将头文件包含在程序中，然后，直接引用头文件中定义的字符串处理函数。下面介绍几种常用的函数。

1. 字符串输入函数 gets(str)

该函数接收从键盘输入的一个字符串，直到遇到回车符结束，并将字符串存放到由 str 指定的字符数组中，返回该字符数组 str 的起始地址。

2. 字符串输出函数 puts(str)

该函数从 str 指定的地址开始，将字符串 str 输出到显示器。

【例 6.8 】 用函数 gets 和 puts 对字符串进行输入/输出。

```c
#include "stdio.h"
#include"string.h"
int main()
{
  char str[100];                    /* 定义字符数组 str */
  printf("Please input string:");
  gets(str);                        /* 键盘输入字符串并存放到数组 str */
  printf("Input string is:");
  puts(str);                        /* 输出数组 str 存储的字符串 */
  getch();
  return 0;
}
```

程序运行结果如下。

Please input string:I am a student.↙

Input string is: I am a student.

温馨提示　　程序中 getch()起到屏幕缓冲的作用，否则程序执行完毕来不及查看窗口便消失。使用 gets 函数可以接收包含空格的字符串，puts 可以输出包含转义字符的字符串，如：

```c
char str[]="China\nBeijing";
puts(str);
```

屏幕输出为：

```
China
Beijing
```

3. 字符串长度函数 strlen(str)

该函数统计 str 为起始地址的字符串的长度，不包括"字符串结束标志'\0'"，并将其作为函数值返回。例如：

```c
char s[100]="Hello World!";
printf("length=%d",strlen(s));
```

输出结果：length=12。也可以直接输出字符串常量的长度，上式可写为：

```c
printf("length=%d",strlen("Hello World!"));
```

4. 字符串连接函数 strcat(str1,str2)

该函数将 str2 为首地址的字符串连接到 str1 字符串的后面，从 str1 原来的'\0'处开始连接，结果放在 str1 字符串中，函数调用后得到一个函数值（str1 的首地址）。例如：

```c
char str1[20]={"I am a "};
char str2[]={"student."};
printf("%s",strcat(str1,str2));
```

程序运行结果：I am a student.

　　str1 一般为字符数组，要有足够的空间，以确保连接字符串后不越界；str2 可以是字符数组名，字符串常量或指向字符串的字符指针。

5. 字符串复制函数 strcpy(str1,str2)
该函数将 str2 为首地址的字符串复制到 str1 为首地址的字符数组中。例如：

```
char str1[20];
char str2[]={"student"};
strcpy(str1,str2);
printf("%s",str1);
```
程序运行结果：student

　　字符数组 str1 要有足够的空间确保复制后的字符串后不越界；str2 可以是字符数组名，字符串常量或指向字符串的字符指针。由字符数组定义可知，字符数组之间不能直接赋值，但通过 strcpy 函数处理可达到赋值的效果。

6. 字符串比较函数 strcmp(str1,str2)
该函数将 str1,str2 为首地址的两个字符串进行比较，从第一个字符开始，对两个字符串对应位置的字符按 ASCII 码的大小进行比较，直到出现不同的字符或遇到 '\0' 为止。如果全部字符相同，则认为相等，如果出现不相同的字符，则以第一个不同的字符的比较结果为准，比较的结果由返回值表示。

当 str1==str2 时，函数的返回值为 0；

当 str1 < str2 时，函数的返回值为一个负整数；

当 str1 > str2 时，函数的返回值为一个正整数。

例如：

"A" < "B"，"a" > "A"，"computer" > "compare"。

　　字符串之间不能直接通过逻辑运算符比较大小，但是通过此函数可以间接达到比较的效果。例如：

```
if(str1==str2)        /*不合法*/
    printf("Yes!");
```
可以修改为：
```
if(strcmp(str1,str2)==0)
 printf("Yes!");
```
为方便起见，除了以上常用的字符串处理函数，C 语言环境还提供了大量的公共函数供直接调用，如字符串小写函数 strlwr（str）、字符串大写函数 strupr（str）等，详细使用方法可以查阅附录 4。由于语言环境的不同，每个系统提供的函数数量、函数名、函数功能都不尽相同，使用时可查阅标准库函数手册。

6.3.6 程序解析

【例 6.9】 判断一个字符串是否是回文。

输入字符串可通过 gets()函数实现，判断回文，可通过单个字符进行比较，只要合理控制下标，分别对对应元素进行比较即可。而对于是否判断操作可以设置一个标志 flag 实现。程序操作过程如图 6-6 所示。

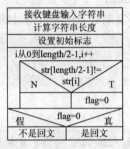

图 6-6 判断回文过程 NS 图

程序源代码参考如下。

```
#include "stdio.h"
#include"string.h"
int main()
{
    char str[80];                   /* 字符数组 str 存储输入的字符串 */
    int i,length;                   /* length 存储字符串长度 */
    int flag;                       /*flag 判断回文标志，1是回文，0不是回文 */
    printf("Please input a string:\n");
    gets(str);                      /* 键盘接收字符串，包含空格 */
    length=strlen(str);             /* 计算字符串长度 */
    flag=1;                         /* 初始设字符串是回文 */
    for(i=0;i<length/2;i++)         /* 判断字符串是否是回文 */
        if(str[i]!=str[length-i-1]) flag=0;
    if(flag)   printf("Yes\n");     /* 根据情况输出结果 */
else       printf("No\n");
return 0;
}
```

运行结果如图 6-7 所示。

图 6-7 判断回文结果图

 温馨提示

在程序设计时，如果出现是否、开关等两种状态的变化判断，可以通过设置 flag 标志来实现，其值设置以条件苛刻的值为初始值，本题如果字符全相同才是回文，所以设置为 1。本题也可以利用字符串处理函数实现：再设置一个数组，将字符串逆序放入其中，通过字符串比较函数输出结果。

6.4　选择法排序

6.4.1　案例描述

1．提出问题

在 6.1 节中利用冒泡法完成了对一个固定数组中数据的排序，如果对任意数组进行排序，那该怎样做呢？

为实现任意数组的排序，可以将排序算法设置为子函数，将数组元素或整个数组作为函数参数，通过不同的数据传递方式传递给子函数，然后通过主程序调用实现任意数组的排序。

2．程序运行结果

程序运行结果同图 6-1。

3．涉及知识点

数组名作函数参数（传址）、选择法排序。

6.4.2　数组元素和数组名作函数参数

前面已经介绍了函数参数的传递，同样，数组也可以作为函数的参数进行数据传递。数组作函数参数有两种形式，一种是把数组元素作为实参使用；另一种是把数组名作为函数的形参和实参使用。

数组元素作函数实参时与普通变量完全相同，在函数调用时，把作为实参的数组元素的值传送给形参，实现单向的值传送。例如，调用 grade()函数利用循环可将学生成绩划分为等级输出：

```
grade(a[i]);          /*将 a[i]中存储的学生成绩通过 grade()转化为等级表示*/
```

当数组名作为函数参数时与数组元素作为函数参数是不同的。数组元素作实参时，只要和形参的数据类型一致即可。而数组名作为参数时，要求形参和相对应的实参都必须是类型相同的数组或指针。数组元素作参数时，同普通变量一样，形参和实参是两个不同的内存单元，在函数调用时将实参传递给形参，是单向的值传递，形参的变化不影响数组元素的值。当数组名作参数时，实参将数组的首地址通过地址传递给形参，形参指向实参的首地址，因此调用函数后，实参数组的值将会因形参数组值的变化而变化。数组名作参数时，要求形参数组和实参数组的类型必须一致，由于传递首地址，长度可以不同，形参也可以不指定长度或通过指针变量表示。例如，调用 max()函数求数组中的最大值。

```
int max(int a[]);/*自定义函数，a[]为形参*/
```

或：

```
int max(int a[], int n);
```

在主函数中，可以通过如下调用，完成求数组最大值。

```
max(b)或 max(b,10)     /*b 为实参，即数组名*/
```

6.4.3　程序解析

【例 6.10】　利用选择法实现对任意数组的排序。

1. 选择法思想

除了前面讲过的冒泡法，选择法也是排序操作常用的实现算法。选择法是通过选择最大或最小值放入指定位置的过程。选择法的排序思想是：在第一趟排序中，将 n 个数依次比较，总共比较 $n-1$ 次，记录最小值的位置，然后将最小值与第一个元素交换位置。第二趟排序中，从剩余的 $n-1$ 个数中比较 $n-2$ 次，记录次小值的位置与第二个元素交换。依次执行下去，共进行 $n-1$ 趟选择，整个数组排序完毕，变为由小到大的有序数组。

选择排序过程也分为两大步：在 n 个数的 $n-1$ 趟选择排序中，排序就是选择小数交换到前面的过程，因此可以通过外层循环实现趟数的控制；在每一趟排序中，进行比较记录下标位置，与元素交换过程也是基本相同的，因此可以通过内层循环来实现。程序实现过程类似图 6-3。

2. 源代码

```c
#include "stdio.h"
void sort(int array[ ],int n)        /*选择排序*/
{
    int i,j,temp,min,min_i;          /* min 存放最小数的值，min_i 存放最小数的位置 */
    for(i=0;i<n-1;i++)               /* 选择法排序，共进行 n-1 次 */
    {
min=array[i];                        /* 第 i 次找小数，假设 array[i]就是最小数 */
min_i=i;                             /* i 为第 i 个小数的位置 */
for(j=i+1;j<n;j++)                   /* 从 array[i+1]到 array[n-1]，寻找第 i 个小数 */
  if(array[j]<min)                   /* 如果某个元素小于当前最小值 */
    {
                min_i=j;             /* 记录较小数下标 */
                min=array[j];        /* 设置最小数 */
        }
    if(i!=min_i)                     /* 满足条件交换小数到 array[i]位置 */
    {
        temp=array[i];
        array[i]=array[min_i];
        array[min_i]=temp;
    }
    }
}
int main()                           /*主函数*/
{
  int i,num;                         /* num 存放元素个数 */
  int a[100];                        /*整型数组 a 的长度为 100*/
  printf("Please input the number of integer:\n");
  scanf("%d",&num);
  printf("please input %d  integer number:\n",num);
  for(i=0;i<num;i++)  scanf("%d",&a[i]);  /* 键盘输入 num 个整数 */
sort(a,num);
  printf("sorted result:\n");
  for(i=0;i<num;i++) printf("%3d",a[i]);  /* 输出排序结果 */
  printf("\n");
  return 0;
}
```

温馨提示　同一个问题有多种不同解决方案，对比选择与冒泡排序，均是通过比较完成操作，但比较所带来的操作是不同的，交换的次数和使用的空间数均不同，同样通过函数调用程序的实现过程和复杂程度也不同。

6.5　综合应用

【例 6.11】　任意输入 N 个人的姓名，按字母升序排列次序。

运行结果如图 6-8 所示。

分析：本例中，需要存储 N 个人的姓名，然后对姓名进行字符串排序。姓名通过二维数组存储，字符串排序使用字符串比较函数实现。程序实现过程如图 6-9 所示。

图 6-8　姓名排序结果图

图 6-9　姓名排序过程图

程序源代码参考如下。

```c
#include "stdio.h"
#include"string.h"
#define N 5
int main()
{
    char name[N][20],temp[20];      /* name 存储姓名，temp 作为临时字符数组 */
    int i,j;
    printf("Please input 5  numbers name:\n");
    for(i=0;i<N;i++)                /* 输入 N 个人姓名，放入二维数组 name 中 */
        gets(name[i]);
    for(i=0;i<N-1;i++)              /* 对姓名数组升序排序 */
        for(j=i+1;j<N;j++)
            if(strcmp(name[j],name[i])<0)       /* 比较姓名大小，满足条件交换*/
            {
                strcpy(temp,name[i]);
                strcpy(name[i],name[j]);
        strcpy(name[j],temp);
            }
    printf("\nsorted:\n");
    for(i=0;i<N;i++)               /* 输出排序后的结果 */
        puts(name[i]);
    return 0;
}
```

6.6 小 结

本章主要介绍如何使用数组进行程序设计，给出了一维数组、二维数组及字符数组的定义、数组元素的初始化方法及引用方式，并通过案例说明了各种数组的使用方法。

数组的下标决定了数组的维数，数组的类型决定了数组元素的类型，下标不能为变量，默认从 0 开始，并对数组的初始化提供了不同的初值设置方式。

一维数组应用广泛，特别是一维字符数组，C 语言中使用字符数组存储字符串，约定使用'\0'作为字符串结束标志，同时提供了丰富的字符串处理函数为程序设计带来方便。

数组结合函数和指针可解决复杂的实际问题，数据元素与数组名均可作为函数参考进行数据传递，只是传递的方式不同。

习 题

1. 使用"直接插入法"完成由小到大排序。

2. 随机产生 N 个 0～9 以内的整数，分别统计每个数字出现的次数。

3. 数字圈问题。输出可大可小的正方形图案，最外圈是第一层，要求每层上用的数字与层数相同。试分析程序。

例如，当 N=5 时，输出：

```
1 1 1 1 1
1 2 2 2 1
1 2 3 2 1
1 2 2 2 1
1 1 1 1 1
```

4. 由键盘输入一个字符串和一个字符，要求从该字符串中删除所指定的字符。

5. 输入一行英文，统计其中有多少个单词（设单词间以空格隔开）。

6. 随机产生 100 个大小写字母，统计其中各元音字母（不分大小写）的个数。

7. 一维数组 score 内放 10 个学生成绩，定义一个函数求平均成绩。

8. 有 M 位学生，学习 N 门课程，已知所有学生的各科成绩，编程实现：分别求每位学生的平均成绩和每门课程的平均成绩。

9. 设比赛共有 N 个评委给选手打分，统计时去掉一个最高分和最低分，求选手的最后平均得分。

第7章 指针

学习目标

- 掌握指针的概念和基本知识;
- 理解动态内存分配的原理和方法;
- 掌握指针与数组的关系;
- 掌握用指针访问字符串的方法;
- 掌握指针作为函数参数,返回指针值的函数,函数的指针。

重点难点

- 重点: 指针的概念,数组作为函数参数的本质,指针访问数组各元素,字符串与指针的基本概念,指针作为函数参数,返回指针值的函数,函数的指针。
- 难点: 理解指针的概念;用指针访问字符串,指针作为函数参数传递数组地址的编程。

7.1　通过地址找同学

7.1.1　案例描述

你的一个同学曾经给你留过一个**便签**,便签上写着他的**地址**,即所在的学校位置、所住的公寓号和房间号。那么有一天你想要找这位同学,便可以拿着这个便签根据上面所写的地址,到该学校对应的公寓和房间找到你的同学。

那么这张**便签**就相当于一个**指针**,指针中记录着地址,你的同学就相当于你要访问的内容。C语言的指针中存放的是内存地址,那么怎样通过该指针(内存地址)访问内存单元中存储的数据呢?

涉及知识点: 指针的概念、指针变量。

7.1.2　地址

指针是高级语言程序设计中一个重要的概念,使用指针,可以有效地表示和使用复杂的数据结构,对内存中各种不同的数据结构进行快速处理,提高运行效率,也为函数间各类数据的传递提供了简捷便利的方法;同时还可以动态地分配内存空间,直接处理内存地址,节省程序运行空间,所以,使用指针可以编制出简洁明快、功能强和高质量的程序。但是指针涉及内存地址的使用,所以要正确地理解和使用,否则将带来严重的后果。

为了理解指针的含义,首先必须清楚数据在内存中是怎样存储及使用的,熟悉内存地址、指针和变量之间的关系。

在计算机硬件系统的内存中，拥有大量的存储单元，每个存储单元都有唯一的编号，这个编号称为存储单元的地址。在 C 语言程序中，定义一个变量，系统就按变量的类型，为其分配一定长度的存储单元，变量的值在内存中占用一块存储区域，该存储区域的地址就是此相应变量的地址，该存储区域保存的内容就是相应变量的值。例如：

```
char b ='a';
int x = 1;
float y = 3.4;
```

由上述代码可知，系统在内存中为变量 b、x、y 分配存储空间，如图 7-1 所示。

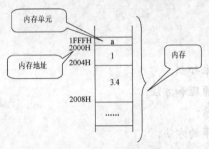

图 7-1　内存地址与变量值之间的关系

对于变量 b，它被分配在 1FFFH 之后的一个字节的内存区域中，因此变量 b 的地址是 2000H，而地址 2000H 中存储的内容是字符 'a'，也就是变量 b 的值。

变量 x，它被分配在 2001H 开始的两个字节的内存区域中，因此变量 x 的起始地址（首地址）是 2001H，也称为变量 x 的地址，占用 2001H 到 2004H 之间的存储单元，2001H 到 2004H 中存储整数值 1，也就是变量 x 的值。

变量 y，它被分配在 2005H 开始的 4 个字节的内存区域中，因此变量 y 的首地址是 2005H，也称为变量 y 的地址，占用 2005H 到 2008H 之间的存储单元，2005H 到 2008H 中存储数值 3.4，也就是变量 y 的值。

对 C 语言中的任何一个变量，对应的内存单元的内容代表变量的值，而内存单元的起始地址即为变量的地址。

7.1.3　指针类型和指针变量

1. 变量

变量通常和命名的内存空间相联系，变量在内存中占有一定空间，用于存放各种类型的数据。变量包括变量名、变量的地址和变量值，变量名是指给内存空间取的一个记忆和使用的名字；变量的地址是指变量所使用的内存空间的地址；变量值是指变量的地址所对应的内存空间中存放的数值，即变量的值或变量的内容。三者之间的相互关系如图 7-2 所示。

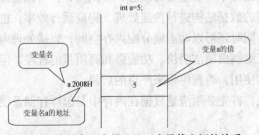

图 7-2　变量名、变量地址、变量值之间的关系

2．指针类型

C 语言中，一个变量 x 的首地址称为该变量的指针，记作 & x，即在变量名前加取地址运算符
"&"，例如变量 a 的首地址是 2008H，就说 a 的指针是 2008H。

指针类型是指若有变量 p，类型为 X（如 int 型），则指向 X 类型变量的指针类型表示为：

```
X *p;
```

其中 X 称为该指针类型的基类型。

3．指针变量

指针变量是用来存放变量首地址的变量，是一个特殊的变量，它里面存储的"值"为一个变
量的地址，是内存中一个具体地址。例如：

```
int *p1,*p2;          /* 说明指向 int 类型变量的指针变量 p1 和 p2 */
char *ch;             /* 说明指向 char 类型变量的指针变量 ch */
int x,y;
char c='a';
```

指针类型所指向的类型既可以是基本数据类型，也可以是构造型数据类型，甚至是指针类型，
还可以是函数，经常把 "指向 X 类型的指针变量 p" 简称为 "p 指向 X 类型"，或 "X 类型的指
针 p"。

指针变量的值是内存地址，求取不同类型变量或常量地址的表达方式不同，基本数据类型变
量、数组成员、结构体变量、共用体变量等用求地址运算符 "&" 获取变量的地址，数组的地址
与其第一个元素的地址相同，用数组名表示，如有操作：

```
p1 = &x;
p2 = &y;
ch = &c;
x = 2;
y = 4;
```

如果指针 p1 所占内存单元的地址为 2000H，则系统会根据变量声明的先后顺序为其在内存
中分配空间，在 C 语言中，指针等价于 "内存单元的地址"，它指向一个具体的内存单元，如图
7-3 所示。

图 7-3　变量的内存分配示意图

7.1.4 案例解析

C语言中，要区分指针变量与指针两个概念。指针是指"变量的地址"，它指向一个变量对应的内存单元；而指针变量是变量，是保存地址数据的变量。

指针对应地址，指针变量对应地址变量。指针变量是变量，也有地址，指针变量的地址即指针变量的指针。这与通过便笺中的地址找同学类似。

例如：指针变量 p（**便笺**）中的值是一个地址值（**同学所在的学校、公寓号和房间号**），可以说指针变量 p 指向这个地址。这个地址是一个变量 a（**同学**）的地址，则称指针变量 p 指向变量 a。指针变量 p 指向的地址也可能仅仅是一个内存地址。它们之间的关系如图 7-4 所示。通过地址找同学与通过指针变量访问变量的类比如下。

找同学：便笺　　　---地址　　　　　---同学

访问 a：指针变量 p---地址（2008）---a（其值为 5）

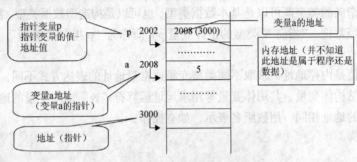

图 7-4　指针、变量的指针、指针变量

7.2　按正向和反向顺序打印字符串

7.2.1　案例描述

1. 提出问题

在实际应用中对字符串的操作也是较为频繁的，如将某字符串按正向和反向的顺序进行打印。对于这种问题，上一章中是先定义一个字符数组来存放字符串，然后访问各数组元素。除了这种处理方法，还有没有其他便捷的方法呢？

2. 程序执行结果

输入：How are you!

输出：!uoy era woH

3. 涉及知识点

指针变量的使用。

7.2.2　指针变量的定义

定义指针变量的一般形式如下：

基类型　　*指针变量名 1, *指针变量名 2, … *指针变量名 n；

基类型可以是基本数据类型，也可以是数组、结构体或函数。例如：

```
int *p1, *p2;    /*定义指针变量p1,p2，基类型为整型，即指向的数据类型为整型*/
float *f;        /*定义指针变量f，基类型为浮点型，即指向的数据类型为浮点型*/
char *c;         /*定义指针变量c，基类型为字符型，即指向的数据类型为字符型*/
```

在指针变量定义时需要注意以下几点。

（1）指针变量名之前的"*"意味着"指向……的指针"，即它所修饰的变量是指针变量。

（2）指针变量是用它们所指向的对象的类型来表征的。

（3）指针变量的定义与普通变量的定义一样，一旦一个指针变量被定义了，它所指向对象的类型就确定了。例如：

```
int  x, *p;
double  y;
p = &x; /* 正确赋值，整型指针变量p指向普通整型变量x的地址 */
p = &y; /* 不正确，整型指针变量p不能指向浮点型变量y的地址 */
```

（4）从语法上讲，指针变量可以指向任何类型的对象，包括指向数组、指向其他的指针变量或指向结构体变量等，从而可以用指针表示较复杂的数据类型。具体使用在以后的章节中详细介绍。

（5）指针变量本身也占用内存单元，而且所有指针变量占用内存单元的数量都是相同的。就是说，不管是指向何种对象的指针变量，它们占用内存的字节数都是一样的（通常是一个机器字长）。例如：

```
int *p1;
double *p2;
```

其中 p1 和 p2 占用的空间长度相同。

在 C 语言中，空指针是指针类型的一种特殊指针，它的值是 0，用符号常量 NULL（在 stdio.h 中定义）表示，并保证这个值不会是任何变量的地址。空指针对任何指针类型赋值都是合法的，一个指针变量为空指针可以理解为此指针变量当前没有指向任何有意义的东西。

void 类型的指针（void *）称为通用指针，可以指向任何类型的变量，C 语言允许直接把任何类型变量的地址作为指针赋给通用指针。

7.2.3 指针变量的访问

系统访问变量的方式有两种：直接访问和间接访问。

直接访问是指按地址存取内存的方式访问。在使用时可通过以下两种方式。

（1）按变量名直接访问，即按变量地址直接访问。例如：

```
a = 3;
```

或

```
*(&a) = 3;
```

以上直接访问都是合法的，从系统的角度来看，不管是按变量名访问变量，还是按变量地址访问变量，本质上都是对地址的直接访问。用变量名对变量的访问属于直接访问，因为编译后，变量名与变量地址之间有对应关系，对变量名的访问系统会自动转化为利用变量地址对变量的访问。

（2）按地址直接访问，即直接访问内存存储空间（一般不建议这么使用）。例如：

```
*((int *)(2008)) = 5;     /* 在地址 2008 中保存一个整数 */
```

以上语句直接访问内存存储空间，以内存的地址作为直接操作的对象。由于对内存地址的操作容易引起错误或破坏，所以一般通过第一种方式进行数据访问。

系统访问变量的第二种方式就是间接访问，即通过指针变量访问，因此间接访问是指使用指针变量访问变量。例如：

```
p = &a;
*p = 3;
```

将变量 a 的地址存放在指针变量 p 中，p 中的内容就是变量 a 的地址，也就是 p 指向变量 a，然后利用指针变量 p 进行变量 a 的访问。从变量名获得变量地址用"&"地址运算符，从地址获得地址指向的数据用"*"指针运算符。访问过程如图 7-5 所示。

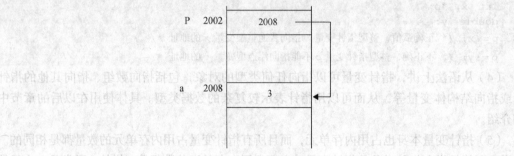

图 7-5　变量的间接访问

7.2.4　指针变量的引用

1. 指针变量的初始化

指针变量在使用时，要有具体的指向，因此在定义时，可以对指针值进行初始化。如果在定义指针变量时没有进行初始化，全局变量和局部静态变量将被自动地初始化为空指针，局部变量将不会被自动初始化。例如：

```
int  *p1, *p2;
char *ch;
```

指针变量 p1、p2、ch 没有明确的变量值，所以无法使用这些变量，如果使用，需要对其进行赋值。

2. 指针变量的赋值与引用

如果使用未初始化或未赋值的指针，此时指针变量指向的内存空间是无法确定的，使用它可能导致内存数据的破坏或系统的崩溃。

指针变量的赋值通常有以下几种方法。

（1）使用地址运算符"&"，将变量的地址赋值给指针变量。例如：

```
int i,*p;
p = &i;
i = 10;
```

这样指针变量 p 指向变量 i 的首地址，因此*p 的值也为 10。

将一个变量的地址赋给指针变量时，要求二者的基类型相同，同种类型的指针变量之间可以进行赋值运算，使二者指向同一对象。例如：

```
int a, *p1, *p2;
p1 = &a;
p2 = p1;
```

如果基类型不同，可以利用强制类型转换符，实现不同类型指针变量间的交叉赋值。例如：

```
int a, *pa;
float f, *pf;
```

那么，pa =（int *）pf;是正确的。

（2）利用空指针类型变量，指针变量都可置为 NULL，其值是 0。例如：

```
int *pi;
float *pf;
pi = NULL;
pf = NULL;
```

（3）对字符型的指针变量，赋初值可采用特殊形式——用字符串赋值。

在使用指向字符的指针变量时，不能通过下述方式赋初值：

```
char *ptr;
scanf("%s", ptr);
```

（4）将内存分配的地址直接赋值给指针变量。例如：

```
int *p = (int *)malloc(2);
```

malloc 函数动态分配了 4 个字节的连续空间，返回空间首地址，然后将首地址赋值给整型指针变量 p。这样整型指针变量 p 指向这个连续空间的第一个字节。

对指针变量赋值以后，可以直接对指针变量进行引用，基本的引用不再赘述。除此之外，指针变量的引用可像简单变量一样出现在表达式中。例如：

```
int  x, y, *p;
double d;
p = &x;
x = 1;
```

那么 y = *p + 9; 等价于 y = x + 9;

此外，也可通过标准函数获得地址值，具体内容在函数章节具体介绍。

3. 指针的操作

（1）指针移动。

指针移动是指指针变量上移或下移一个存储单元，或通过赋值运算使指针变量指向相邻的存储单元。因此，只有当指针指向一串连续的存储单元时，指针移动才有意义。

对指针的移动，指针后面的数字代表要移动的存储单元长度，例如整型变量存储单元长度是 4 个字节，整型指针移动 1 个存储单元，就是移动 2 个字节，依此类推。最常用的移动操作就是加一（++）和减一（--）操作，代表指针向地址值增大的方向移动一个存储单元和指针向地址值减少的方向移动一个存储单元。例如，指针变量可以执行增量运算：

```
char *s = "Programming languages";
while (*s)
putchar (*s++ );
```

另外，当"*"和 + +、- -连用时要注意，由于*与++在同一个优先级，而 C 语言中操作运算符的结合方向为自右而左，因此*s + +等价于*（s + +），其含义是：取出 s 当前所指单元的内容，然后 s 指向下一个元素；* + +s 等价于*（ + +s），即：移动 s 指向下一个元素，然后取出 s 所指单元的内容； + +*s 等价于 + +（*s），即：把 s 所指单元的内容增 1；而（*s） + +是取出 s 所指单元的内容，然后该内容增 1。对于 - -和"*"连用时也有类似情况。

（2）指针比较。

两个指针指向同一串连续的存储单元时，可以在关系表达式中对其进行比较，判断指针的位置关系，如果两个指针变量的值相等，表示它们指向同一个存储单元。因此，当两个指向同一数组时，指针的相减运算代表了两个指针之间元素的个数。

（3）"&"运算符。

运算符"&"是单目运算符，表示取变量的地址，"&"运算不能用于表达式或常量。如：

```
int i, j;
float f;
char example[10];
```

则&i，&j，&f，& example [0]～& example [9]等表达式都是合法的。但表达式&(i + 1)，&(i +j)，&5，&(f*3.14)，& example 都是错误的。

（4）"*"运算符。

"*"称为指针运算符、间接访问运算符，也是单目运算符，其作用是访问操作对象所指向的变量的值。它所作用的操作对象必须是指针变量或指针表达式。例如：

```
int a, *p;
p = &a;
*p = 99;
```

都是合法的。指针变量与某个同类型的变量之间的指向关系是在定义之后通过建立指向关系建立的。

【例7.1】 指针运算实例。

```
#include "stdio.h"
int main()
{
    int i = 5, j = 10;              /* 定义两个整型变量 */
    int *pi, *pj;                  /* 定义两个整型指针变量，但没有指向具体内容*/
    pi = &i;                       /*  pi->i  指针变量 pi 指向变量 i*/
    pj = &j;                       /*  pj->j  指针变量 pj 指向变量 j*/
    printf("%d,%d ",i,j);          /* 直接访问变量 i,j */
    printf("\n");
    printf("%d,%d ",*pi,*pj);      /* 间接访问变量 i,j */
    return 0;
}
```

输出结果为：

```
5,10
5,10
```

注意 此处"*"表示间接访问运算符，而定义时指针变量所使用的"*"是定义指针变量的符号。

【例7.2】 从键盘输入两个数，比较大小，按照先小后大的顺序输出。

分析：比较两个数的大小，可以借助中间变量直接实现，或者通过函数交换，然后输出，读者可自行设计实现。如果通过指针进行比较输出，由指针变量的引用可知，通过改变指针变量的指向或指针变量的值均可实现。具体实现如下。

（1）不改变变量的值，通过改变指向变量的指针的指向进行比较交换。

```
#include "stdio.h"
int main()
```

```
{
    int *pi, *pj, *p, x, y;
    printf("Input x and y(integer):");
    scanf("%d%d", &x, &y);
    printf("x=%d,y=%d\n", x, y);
    pi = &x;
    pj = &y;
    if(x > y)   //交换指针的指向，实现 pi 指向小值，pj 指向大值
    {   p = pi;  pi = pj;  pj = p; }
    printf("x=%d,y=%d\n", x, y);
    printf("the min is:%d,the max is %d\n", *pi, *pj);
    return 0;
}
```

当输入 5，10 时，由于 x 小于 y，直接输出，如图 7-6（a）所示。

当输入 10，5 时，由于 x 大于 y，将 pi、pj 交换，但是 x 和 y 并没有交换，所以仍然输出 10，5，保持原值，只是 pi 和 pj 的值变了。pi 原来的值为&x，后来通过指针 p 指向变为&y，所以值为&y，pj 原来值为&y，后来变为&x，这样在输出*pi、*pj 的值时，实际上输出的是变量 y 和 x 的值，如图 7-6（b）所示。

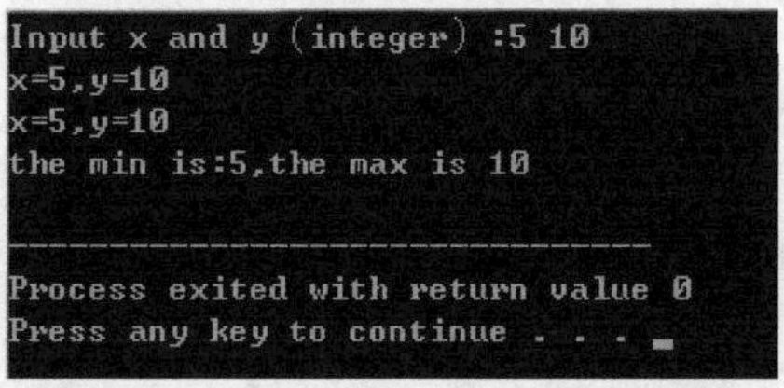

```
Input x and y (integer) :5 10
x=5,y=10
x=5,y=10
the min is:5,the max is 10

------------------------------
Process exited with return value 0
Press any key to continue . . .
```

```
Input x and y (integer) :10 5
x=10,y=5
x=10,y=5
the min is:5,the max is 10

------------------------------
Process exited with return value 0
Press any key to continue . . .
```

（a）输出指针变量 pi、pj 所指向的变量（即 x、y 的值） 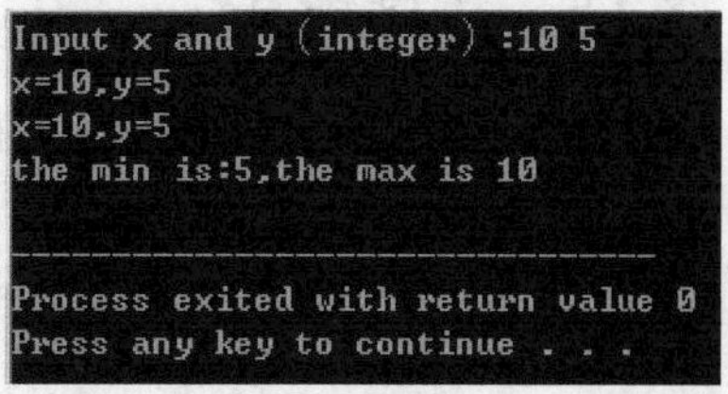　　　　（b）输出指针变量 pi、pj 所指向的变量（即 y、x 的值）

图 7-6　例 7.2 的运行结果（1）

（2）通过指针指向变量的值的改变，即通过变量的值的改变输出结果。

```
#include "stdio.h"
int main()
{
    int *pi, *pj, p, x, y;
    printf("please input two number:\n");
    scanf("%d%d",&x,&y);
    pi = &x;
    pj = &y;
    printf("x=%d,y=%d\n", x, y);//交换前输出 x,y
    printf("pi=%d,pj=%d\n", *pi, *pj);
    if(x > y)//通过指针变量实现交换变量 x,y 的值
    {   p = *pi;  *pi = *pj;  *pj = p; }
    printf("x=%d,y=%d\n", x, y);//交换后输出 x,y
    printf("the min is:%d,the max is %d\n", *pi, *pj);
    return 0;
}
```

当输入 10 和 5 时，由于 x>y，pi 和 pj 的值发生了改变，进而它们所指向的变量 x 和 y 的值也发生了改变，x 的值由原来的 10 变成了 5，y 的值由原来的 5 变成了 10，但是 pi 和 pj 的指向一直没有改变，pi 一直指向&x，pj 一直指向&y，运行结果如图 7-7 所示。

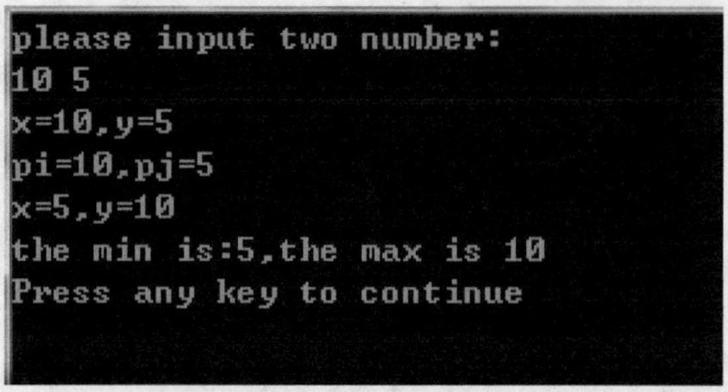

```
please input two number:
10 5
x=10,y=5
pi=10,pj=5
x=5,y=10
the min is:5,the max is 10
Press any key to continue
```

图 7-7 例 7.2 的运行结果（2）

【例 7.3】 两种实现方式说明了指针变量与所指向内容之间的变化关系，通过程序的不同细节详细对比了指针变量使用的区别。

除此之外，指针运算有很多限制，应小心使用。在使用指针变量时，应注意：

① 指针的基类型使指针只能指向基类型定义的一类变量；

② 引用操作满足基类型的约束，如范围、运算、内存表示等；

③ 限制指针移动操作的跨度。

7.2.5 程序解析

【例 7.4】 定义一个字符串，并按正向和反向的顺序进行打印。

```
#include "stdio.h"
int main()  /* print a string forward and backward. */
{
    char *pch1, *pch2;
    pch1 = "How are you!"; /*直接将字符串赋给字符指针变量，其实是将字符串的首地址赋给了指针变量*/
    pch2 = pch1;
    while( *pch2 != '\0' ) putchar( *pch2++ );
    putchar('\n' );
    while( --pch2 >= pch1 ) putchar( *pch2 );
    putchar('\n' );
    return 0;
}
```

7.3 指向数组的指针

7.3.1 数组的指针和指向数组的指针变量

1. 数组的指针

数组的定义在前面已经学过，是一些相同类型的元素构成的有序序列。

由于数组元素在内存中占据了一组连续的存储单元，每个数组元素都有一个地址，所以数组元素的指针就是数组元素的地址。

数组的指针就是数组的地址。数组的地址指的是数组的起始地址，即数组首地址，也是第一个数组元素的地址。C语言还规定数组名代表数组的首地址。

例如：对于整型数组 int a[10];，数组的指针就是数组的起始地址&a[0]，也可以用数组名 a 表示。它们之间的关系如图 7-8 所示。

2. 指向数组的指针变量

指向数组的指针变量是指存放数组元素地址的变量，初始时一般为数组首地址，简称数组的指针变量。

一般数组的指针变量的使用格式为：

数组基类型　*指针变量；

指针变量 = 数组名；

或直接定义为：

数组基类型　*指针变量=数组名；

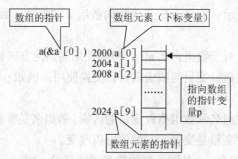

图 7-8　指针与数组元素的关系

例如：

```
int a[10], *p;          /*定义了一个整型数组 a，一个整型指针变量 p*/
p = a;                  /*将数组的首地址赋给指针 p，或 p 指向数组 a 的首地址*/
```

或者：

```
p = &a[0];              /*将数组的首地址赋给指针 p，或 p 指向数组 a 的首地址*/
```

也可以直接在定义时：

```
int a[10], *p = a;
```

所以数组的指针变量的初始化可以通过以下两种方法来实现。

（1）先定义，后赋值。使用已经定义的数组的数组名来初始化数组的指针变量，或者将数组的首地址赋值给数组的指针变量。上例数组 a 的首地址赋值给指针变量 p，此时 p 就是指向数组的指针变量。

（2）在定义的同时赋值。在定义数组的指针变量 p 的同时进行初始化，指向已经定义的数组 a。

7.3.2　通过指针引用数组元素

前面的章节都是通过下标来访问数组元素的，数组元素的访问还可以通过指针完成。

数组元素在内存中是连续存放的，如果指针 p 指向数组 a，那么，指针 p+i 是指 p 向后移动 i 个基类型元素后的地址值，p+i 指向数组 a 的第 i 个元素 a[i]。也就是 p+i=&a[i]，此时对 a[i]的访问完全可以转化为对*(p+i)的访问。数组与指针的关系可以理解为数组元素可以用下标访问，也可以使用指针访问。

指针与数组的关系可用图 7-9 表示。

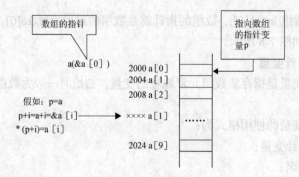

图 7-9　指针和数组的关系

对数组与指针的数据表示，可归纳如下。

（1）数组元素的地址表示：如果 p 定义为指向数组 a 的指针，数组元素 a[i]的地址可以表示为：&a[i],p+i,a+i。

（2）数组元素的访问：对于数组元素 a[i]，可以使用的访问方式为 a[i],*(p+i),*(a+i)。

（3）在许多场合，数组指针变量与数组名可以交换使用：例如 p = a，那么 a[i]甚至可以表示为 p[i]。

但在使用时应当注意数组名和数组指针变量的区别，数组名是常量指针，它指向数组首地址，它的值不能改变；数组指针变量是变量，它的值可以改变。

例如：假设 a、b 是数组名，p 是同类型的数组指针变量，则

a++;　*(a++);　a = a + i;　a = b; 等表达式都是错误的；

而 p++;　*(p++);　p = p+i;　p = a;都是合法的。

总之，在引用数组元素时，可以采用下标法和指针法两种方法，下标法通过数组元素的序号来访问数组元素，如 a[i]或 p[i]；指针法通过数组元素的地址访问数组元素，如*(a+i),*(p+i)。

【例 7.5】　输出一维数组中所有元素的值。

分析：可以使用前面讲过的数组的方法直接输出，如果使用指针可以通过数组指针变量与数组的不同表示实现。

```c
#include "stdio.h"
int main()
{
    int s[10];
    int i;
    printf("Input 10 integer number:\n");
    for(i=0; i<10; i++)  scanf("%d", &s[i]);
    printf("通过指针输出数组的元素: \n");
    for(i=0; i<10; i++)  printf("%2d ", *(s+i));
    return 0;
}
```

也可以定义指针变量实现：

```c
#include "stdio.h"
int main()
{
    int s[10];
    int *p, i;
    printf("Input 10 integer numbers:\n");
    for(i=0; i<10; i++)  scanf("%d",&s[i]);
```

```
      printf("通过指针输出数组的元素：\n");
      for(p=s; p<(s+10); p++)  printf("%4d", *p);
      return 0;
}
```

以上两个程序输入数组元素为 1～10，输出结果均为：

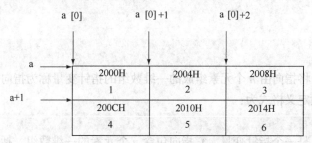

7.3.3 指向多维数组的指针和指针变量

指针可以指向一维数组，也可以指向多维数组。对于多维数组来讲，多维数组的指针是指多维数组的地址，即首地址。而多维数组的指针变量是指存放多维数组地址的变量。

多维数组与一维数组类似，既可以用下标表示，也可以用指针表示，还可以用下标与指针组合来表示。为了清楚理解多维数组的各种表示方法，并在程序设计中灵活应用，下面以二维数组为例进行分析，分析的结果也可以推广到一般的多维数组。

例如一个二维数组 int a[2][3]。

数组 a 是一个 2 行 3 列的二维数组，可以想像成一个矩阵。各个数组元素按行存储，即先存储 a[0]行各个元素（a[0][0],a[0][1],a[0][2]），再存储 a[1]行各个元素(a[1][0],a[1][1],a[1][2])。

C 语言中，数组的元素允许是系统或自己定义的任何类型，如果将每一行数组元素当作一个整体，那么一个二维数组就可以看成是由一维数组作为数组元素的数组。在 a[2][3]中，这个一维数组中数组元素可以表示为 a[0],a[1]，但 a[0],a[1] 本身不是数值，是一维数组，数组名是 a[0], a[1]。

由一维数组与指针的概念可知，a 是元素为行数组的一维数组的数组名，那么对数组 a 中元素的存取就可以按一维数组进行处理。就是说 a 是元素为行数组的一维数组的首地址，a+i 就是元素为行数组的一维数组的第 i 个元素的地址，即：*(a+i) = a[i]。例如：

$$int\ a[2][3]=\{\{1,2,3\}\{4,5,6\}\};$$

它在内存中的存储与数组的关系表示如图 7-10 所示。

	a [0]	a [0]+1	a [0]+2
a →	2000H 1	2004H 2	2008H 3
a+1 →	200CH 4	2010H 5	2014H 6

图 7-10　数组元素与数组地址的关系表示

所以，a[i]是第 *i* 个行数组的数组名，a[i]+j 就是第 *i* 个行数组中第 *j* 个元素的地址。也就是说，二维数组任何一个元素 a[i][j]的地址可以表示为 a[i]+j，即二维数组任何一个元素 a[i][j] = *(a[i]+j)。

数组 a[2][3]中各元素的地址与数组的关系如表 7-1 所示。

表7-1   数组元素地址表示

表示形式	含义	地址
a	二维数组名，指向一维数组 a[0]，即第 0 行首地址	2000H
a[0],*（a+0),*a	第 0 行第 0 列元素的地址	2000H
a+1,&a[1]	第 1 行首地址	2000H
a[1],*(a+1)	第 1 行第 0 列元素 a[1][0]的地址	2000H
a[1]+2,*(a+1)+2,&a[1][2]	第 1 行第 2 列元素 a[1][2]的地址	2014H
(a[1]+2),(*(a+1)+2),a[1][2]	第 1 行第 2 列元素 a[1][2]的值	6

所以二维数组任何一个元素 a[i][j]的地址可以表示为：

$$\&a[i][j] = a[i]+j = *(a+i)+j;$$

二维数组任何一个元素可以表示为：

$$a[i][j] = *(a[i]+j) = *(*(a+i)+j);$$

同时，a[i][j] 还可以表示为：*(a+i)[j],*(&a[0][0]+m*i+j)，其中 m 为数组的列数。

【例 7.6】 使用指针变量输出二维数组的元素值。

分析：由一维数组与指针变量的关系可以实现一维数组元素的输出，由二维数组元素表示可得出指针与二维数组的关系，进而实现指针对数组元素的输出。

程序实现如下。

```
#include "stdio.h"
int main()
{
    int a[2][3] = {{1,2,3},{4,5,6}};
    int *p;
    for(p = a[0]; p < a[0] + 6; p++)
    {
        if((p - a[0]) % 3 == 0)  printf("\n");
        printf("%4d", *p);
    }
    return 0;
}
```

输出结果为：

```
   1   2   3
   4   5   6
```

除此之外，我们将指向由 n 个元素组成的一维数组的指针变量称为指向一维数组的指针变量或行指针变量，一般定义格式为：

```
基类型  (*p)[n];
```

定义中，指定 p 是一个指针变量，它指向包含 n 个元素的一维数组。括号不能省略，否则表示指针数组。例如：

```
int a[2][3];
int (*p)[3];
p = a;
```

【例 7.7】 输出二维数组中任一行任一列元素的值。

（1）程序运行结果为：

```
intput the line number and the column number:
line(0~1) i=1
column(0~2) j=2
a[1,2]=6


------------------------------------------
Process exited with return value 0
Press any key to continue . . .
```

（2）源代码如下。

```
#include "stdio.h"
int main()
{
    int a[2][3] = {{1,2,3},{4,5,6}};
    int(*p)[3], i, j;
    p = a;
    printf("intput the line number and the column number:\n");
    printf("line(0~1) i=");
    scanf("%d", &i);
    printf("column(0~2) j=");
    scanf("%d", &j);
    printf("a[%d,%d]=%d\n", i, j, *(*(p+i)+j));
return 0;
}
```

7.3.4　动态内存分配

堆是内存空间的一个动态存储区域，允许程序在运行时申请一定大小的内存空间。一般在 C 语言中定义数组时，它的大小在程序编译时是已知的，因此需要用一个常数来对数组的大小进行声明，例如：

```
int array[10];
```

其中[ ]中的量必须是常量。但有时编写程序时并不知道所定义的数组需要的内存容量是多少，其大小随着问题的规模而变化，因此需要动态地分配内存空间，这部分空间只能在堆中来进行分配。

函数 malloc( )是 C 语言中获得堆内存的一种方法，它在头文件 stdlib.h 中声明，函数原型如下：

```
void * malloc(unsigned int size);
```

其中参数 size 表示申请分配的内存空间的大小，以字节计算。此函数的作用是在内存的堆中分配一个长度为 size 的连续空间，并将这块内存的首地址返回给调用它的函数。其返回值为 void *类型，即不是确定的数据类型，使用的时候需要进行强制类型转换。当函数未能成功分配存储空间（如内存不足）时，就会返回一个 NULL 指针，所以在调用该函数时应检测返回值是否为 NULL。

用 malloc 新申请的这片连续存储区的内容并没有被初始化，里面是一些不确定的值。而且这部分内存使用完毕后，必须人工返还给系统，应使用 free( )函数将 malloc( )申请的内存块释放，函数原型如下：

```
void free(void * ptr);
```

其中函数的参数 ptr 是调用函数 malloc( )时得到的内存块首地址。下面的程序实现了动态内存分配，运行时从键盘输入一个数组的大小，然后完成动态内存分配，使用完后将内存进行释放。

【例 7.8】　动态内存的分配与释放。

1．程序运行结果

如果从键盘输入的数字为 10，则程序的执行结果如图 7-11 所示。

```
请输入一个数组的大小值：10
 100 101 102 103 104 105 106 107 108 109
array的地址是：580f08
Press any key to continue
```

图 7-11　例 7.8 的运行结果

2. 源代码

```
#include "stdio.h"
#include "stdlib.h"
    int main()
    {
    int count;          /*count 是一个计数器 */
    int *array;         /* array 是一个数组，也可以理解为指向一个整型数组的首地址 */
    int arraysize;      /* 键盘输入的数组的大小 */
    printf("请输入一个数组的大小值：");
    scanf("%d", &arraysize);
    array = (int *) malloc(arraysize*sizeof(int));    /* 动态分配数组空间 */
    if (array == NULL)                          /* 判断分配是否成功 */
    {
        printf("Fail to allocate the requested block of memory!\n");
        exit(1);                                /* 不能成功分配则终止程序 */
    }
    for (count = 0; count < arraysize; count ++ )
    {
        array[count] = count + 100;             /* 给数组赋值 */
        printf("%4d", array[count]);            /* 打印数组元素 */
    }
    printf("\n");
    printf("array 的地址是：%x\n", array);       /* 打印数组 array 的内存地址 */
    free(array);                                /* 释放内存空间 */
    return 0;
}
```

7.4 字符串的复制

7.4.1 案例描述

1. 提出问题

在“数组”一章的学习中，我们知道 C 函数库提供了许多关于字符串操作的函数，其中有字符串的复制函数 strcpy(str1, str2)，其功能是将 str2 为首地址的字符串复制到 str1 为首地址的字符数组中。那么我们如何自己编程实现字符串的复制呢？

2. 程序运行结果

string str2 is :I am a student!

string str1 is :I am a student!

3. 涉及知识点

借助指针来实现字符串的复制操作。

7.4.2　字符串的表示形式

C 语言中可以使用两种方法完成对一个字符串的引用，即通过字符数组或字符指针。

1. 字符数组

在字符数组中，将字符串的各个字符依次存放到字符数组中，利用数组名或下标变量对数组进行操作，从而完成对字符串的操作，在使用时注意字符串的结尾标志 '\0'。

【例 7.9】　输出指定的字符串和字符串中的某一个字符。

```
#include "stdio.h"
int main()
{
    char string[]="How are you!";
    int i;
    printf("Enter a number:");
    scanf("%d", &i);
    printf("%s\n", string);          /* 整体输出 */
    printf("%c\n", string[i-1]);  /* 输出其中一个字符 */
    return 0;
}
```

程序运行结果为：

```
Enter a number: 3
How are you!
w
```

2. 字符指针

由前面讲到的数组与字符的关系可知，字符在内存中是以数组的形式存储的，又由数组与指针的关系可推知指针对字符的引用方式。对例 7.9 使用指针变量对字符串进行操作，程序可改写为：

```
#include "stdio.h"
int main()
{
    char *string= "How are you! ";
    int i;
    scanf("%d",&i);
    printf("%s\n", string);                        /* 整体输出 */
    printf("%c,%c\n", string[i-1], *(string+2));  /* 输出其中一个字符 */
return 0;
}
```

输入 3

运行结果：

```
How are you!
w,w
```

在上例中，语句 char *string= "How are you! ";

等价于 char temp[]="How are you! ", *string; string = temp;

由以上例子可以看出，除了使用字符数组对字符串进行处理外，还可以使用字符指针，而且有时对地址的操作使用字符指针更方便，更简洁有效。

【例 7.10】 输入两个字符串，比较是否相等，相等输出 Yes，不相等则输出 No。

```
#include "stdio.h"
int main()
{
    int T=0;                        /* T-标志变量，T=0 两串相等，T=1 两串不等 */
    char *s1, *s2, *p1, *p2;
    s1 = (char *)malloc(50 * sizeof(char));
    s2 = (char *)malloc(50 * sizeof(char));
    gets(s1);
    gets(s2);
    p1 = s1;
    p2 = s2;
    while(*s1 != '\0' && *s2 != '\0')      /* 判断是否到达串尾 */
    {
        if(*s1 != *s2)  {  T=1;  break; }
        s1++;
        s2++;
    }
    if( T == 0 && *s1 == *s2)    printf("Yes\n");
    else   printf("No\n");
    free(p1);  free(p2);
    return 0;
}
```

运行结果为：

```
Your
Young
No
```

7.4.3 字符数组和字符指针

对于字符串功能的实现，字符数组和字符指针是常用的两种方式，但它们之间是有区别的，主要表现在下面几个方面。

（1）存储方式的不同。

字符数组是由若干元素组成，每个元素占用一个字符。字符指针存放的是地址，是将字符数组的首地址存放到字符指针变量中，不是将整个字符串存放到字符指针变量中。

（2）赋值方式的不同。

对字符数组，只能对各个元素赋值，不能将一个常量字符串赋值给字符数组，但字符指针就可以。例如：

char s[20]; s ="How are you!"; 是不允许；

char *ps; ps ="How are you!"; 是合法的，实际是把常量字符串" How are you! "的首地址赋值给字符指针*ps。

（3）定义方式的不同。

数组一旦定义后，系统会为其分配有确切地址的内存单元。定义一个指针变量后，系统只为其分配一个机器字长的存储单元，以存放地址值。但是在对它赋以具体地址前，它的值是随机的。所以字符指针必须初始化后才能使用，也就是说字符指针变量可以指向一个字符型数据。例如：

char *s[10]; gets(s); 是允许的。

char *ps; get(ps); 是不允许的。

（4）运算的不同。

指针变量是一个变量，它的值允许改变，可以进行++、--、赋值等操作，而字符数组的数组名是常量地址，不允许改变。

7.4.4　程序解析

【例 7.11】　利用指针变量完成库函数 strcpy(str1, str2)的功能，即完成字符串的复制。

```
#include "stdio.h"
int main()
{
    char *p1, *p2, str1[20];
    char str2[ ]="I am a student!";
    int i;
    p1 = str1;
    p2 = str2;
    for( ; *p2!= '\0'; p2++, p1++)
        *p1 = *p2;
    *p1 = '\0';
    printf("String str2 is : %s\n", str2);
    printf("String str1 is : ");
    for(i=0; str1[i]!= '\0'; i++)
        printf("%c", str1[i]);
    printf("\n");
    return 0;
}
```

7.5　指针数组与指向指针的指针

7.5.1　指针数组

前面讲过，数组的指针是指指向数组元素的指针。数组元素既可以是一般数据类型，也可以是数组、结构体等数据类型，当然也可以是指针，如果数组元素是指针，我们称此数组为指针数组。数组指针与指针数组的区别如图 7-12 和图 7-13 所示。

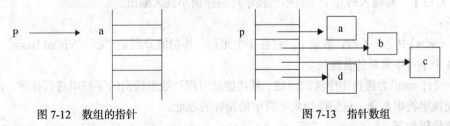

图 7-12　数组的指针　　　　　　　　　图 7-13　指针数组

数组指针的定义与使用在前面已经讲过，与数组元素指针的定义与使用相同。指针数组首先是一个数组，只是其数组元素均为指针。

一维指针数组的定义：

类型名 *数组名[数组长度];

例如：

int *p[10];

定义了一个 10 个元素的整型指针数组 p，其中每个元素是一个整型指针。

```
char *p[10];
```

定义了一个 10 个元素的字符指针数组 p，其中每个数组元素是一个字符指针，即可以指向一个字符元素，也可以指向一个字符串，所以利用此字符指针数组可以指向 10 个字符串。因此在字符型指针数组中，可以利用字符指针数组指向多个长度不等的字符串，使得字符串的处理节省内存空间，且更加灵活方便。

例如，存储字符串{ "C "，"Visual Basic "，"VC++ "，"Java "}。如果使用二维数组定义 b[4][13]，如图 7-14 所示。

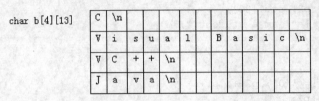

图 7-14　使用二维字符数组存储多个字符串

如果使用字符指针数组存储，如图 7-15 所示。

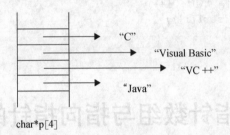

char*p[4]

图 7-15　使用字符型指针数组指向多个字符串

由图 7-14 和图 7-15 可以看出，使用二维数组存储，由于二维数组要按最长的串开辟存储空间，所以空间利用率不高，而且对其中每个元素的操作不方便。同样，如果使用字符型指针数组存储，只要使指针指向多个字符串即可，既节省存储空间，又可以方便有效地对多个字符串进行操作，使用指针数组进行操作时，各个字符串不必移动字符数据，只需改变指针指向的地址。

【例 7.12】　对输入的几个字符串，按字母顺序由小到大输出。

分析：

（1）main()中定义了指针数组 p，它有 4 个元素，其初值分别是"C""Visual Basic""VC++""Java" 4 个字符串常量的首地址。

（2）设计 sort()为选择排序法的函数，其功能是对指针数组指向的字符串进行排序，在排序过程中不交换字符串本身，只交换指向字符串的指针的地址。

程序代码如下。

```
#include "stdio.h"
int main(){
    void sort( );
    char *p[]={"C", "Visual Basic", "VC++", "Java"};
    int i, n=4;
    sort(p, n);
    for(i = 0; i < n; i++)  printf("%s\n", p[i]);
```

```
        return 0;
    }
    void sort(char *q[], int n) {      /* 选择法排序 */
        char *temp;
        int i, j, k;
        /* n 个串, 只要进行 n-1 次选择相对最小串, 就可完成排序*/
        for(i = 0;  i < n-1;  i++)  {
            k=i;                        /* 假设当前 i 是相对最小串的指针所在位置,保存在 k 中 */
        for(j = i+1;  j < n;  j++)      /* 与后面各个位置指针指向串比较 */
            if( strcmp(q[j],q[k]) < 0 )  k=j; /* 若有更小串, 记录其指针的位置于 k */
        if(k!= i)                       /*交换指针 q[i]<->q[k]*/
        { temp=q[i];  q[i]=q[k];  q[k]=temp; }
        }
    }
```

运行结果为:

```
C
Java
VC++
Visual Basic
```

使用指针数组对数据的处理往往起到事半功倍的效果, 但要注意, 在指针数组定义与使用的时候, 要与指向一维数组的指针变量区分开。

7.5.2　指针的指针

1. 指针的指针

指针的指针是指指向指针变量的指针变量, 也称为指向指针的指针或二级指针。指针的指针存放的是指针变量的地址, 是一级指针的地址, 如图 7-16 所示。

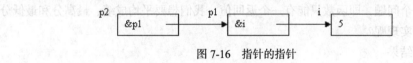

图 7-16　指针的指针

指针的指针的定义格式为: 基类型　**指针变量名;

例如, 图 7-16 可以表示定义为:

```
int i = 5;              /* 定义整型变量 i */
int *p1, **p2;          /* 定义 p1 为整型指针, 定义 p2 为整型指针的指针 */
p1 = &i;                /* i 的地址=>p1, 即, 指针 p1 指向变量 i */
p2 = &p1;               /* 指针 p1 的地址=>p2, 即, 指针 p2 指向指针 p1 */
```

对变量 i 的访问可以是 i,*p1,又因为*p2=p1,即**p2=*p1,所以对变量 i 的访问还可以是**p2。即 i=*p1=**p2。

2. 指针的指针与指针数组的关系

前面讲过数组指针与指针数组的关系, 数组的指针是指向数组元素的指针, 二维数组的指针可以看作是指向一维数组的指针, 同理指针数组的指针, 也是指向其数组元素的指针, 而指针数组的数组元素是指针, 不是基本数据, 所以指向指针数组的指针就是指针的指针, 也就是说, 可以使用 "指针的指针" 指向指针数组。

【例 7.13】　用指向指针的指针变量，输出输入的字符串。

```
#include "stdio.h"
int main(){
    char *b[]={"C","Visual Basic","VC++","Java"};
    char **p;
    for(p = b;  p < b + 4;  p++)
printf("%s\n",*p);
    return 0;
}
```

运行结果为：

```
C
Visual Basic
VC++
Java
```

7.6　指针与函数

7.6.1　学生成绩分析——指针作为函数的参数

1. 案例描述

（1）提出问题

经常要对某班学生考试成绩进行分析。如针对某门课程的考试结果，计算该班的平均成绩，统计最高分和最低分。可以编写函数来完成该功能，输入值是这个班的学生人数和每个人这门课的考试成绩，输出值是平均成绩、最高分和最低分。使用这个函数对不同班级、不同课程的成绩进行分析。

但是，存在一个问题，即函数只能有一个返回值，我们想要平均成绩、最高分和最低分 3 个返回值，那该怎样实现呢？

（2）程序运行结果

程序运行结果如图 7-17 所示。

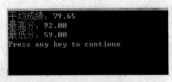

图 7-17　运行结果

（3）涉及知识点

指针变量作为函数参数。

2. 指针作为函数的参数

函数的参数不仅可以是整型、实型、字符型等数据，还可以是指针类型。它的作用是将一个变量的地址传送到另一个函数中。

【例 7.14】　交换两个整数的值后输出。用指针类型的数据作函数参数进行处理。

```
#include "stdio.h"
void swap(int *p1, int *p2){
    int temp;
```

```
    temp = *p1;    *p1 = *p2;    *p2=temp;
}
int main(){
    int a = 10, b = 20;
    printf("%d,%d\n", a, b);
    swap(&a, &b);
    printf("%d,%d\n", a, b);
    return 0;
}
```

运行结果为：

```
10,20
20,10
```

分析：对于 swap 函数，定义了两个整型指针 p1、p2 作为形参，在函数内部，通过对 p1、p2 的操作，改变它们所指的变量的值。在调用的时候，swap(&a, &b)，分别把整型变量 a、b 的地址作为参数传给 p1、p2，在 swap 函数内部，通过对 a、b 地址的引用，交换的是该地址所指向的数据，即交换了 a、b 的值。数据交换过程可以从图 7-18 中清晰看出。

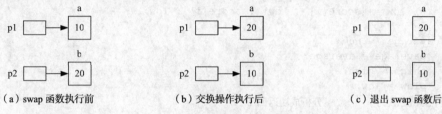

图 7-18　指针作为函数参数

请考虑如果将例 7.13 改写成下面的方式，能否实现 a 和 b 互换。

```
#include "stdio.h"
void swap(int x, int y){
    int temp;
    temp = x;
    x = y;
    y = temp;
}
int main(){
    int a = 10, b = 20;
    printf("%d,%d\n", a, b);
    swap(a, b);
    printf("%d,%d\n", a, b);
    return 0;
}
```

其执行结果不能实现两个整数的交换，参数传递如图 7-19 所示。

图 7-19　整型作为函数参数

我们知道，函数调用的值传递方式中，形参和实参均占用不同的存储单元，形参值的变化不会影响实参的值，也就是说，值传递方式不能带回参数值。一个函数用 return 只能返回一个函数值，如果要求函数返回多个值，一个可行的方法是将变量的地址作为函数的参数进行传递，也就是把指针作为函数的参数。

3. 程序解析

【例 7.15】　学生考试成绩分析。输入某个班的学生人数和每个人某门课的考试成绩，输出平均成绩、最高分和最低分。

```c
#include "stdio.h"
int analyse(int num,double score[ ],double *paverage,double *phigh,double *plow){
    int i;
    double average, high, low;
    if(num <= 0)  return 0;/* 如果人数少于 0，返回分析失败 */
    high = score[0];
    low = score[0];
    average = score[0];
    for(i=1; i<num; i++) {
        average += score[i];
        high = (score[i] > high) ? score[i] : high;
        low = (score[i] < low) ? score[i] : low;
    }
    average /= num;
    *paverage = average;
    *phigh = high;
    *plow = low;
    return 1;          /* 分析成功返回 1 */
}
int main(){
    int n=10;
    int rtn;
    static double allscore[10] = {80, 82.5, 75, 59, 70.5, 90, 92, 81, 90.5, 76};
    double averagescore, highscore, lowscore;
    rtn = analyse(n, allscore, &averagescore, &highscore, &lowscore);
    if( rtn == 0 )  return;
    printf("平均成绩: %3.2f\n", averagescore);
    printf("最高分: %3.2f\n", highscore);
    printf("最低分: %3.2f\n", lowscore);
    return 0;
}
```

分析：函数 analyse( ) 有 5 个参数，其中 num 和 score[ ] 表示学生人数和每个学生的成绩，作为输入参数使用。pavarrege、phigh 和 plow 分别表示平均成绩、最高分和最低分，作为输出参数使用，即利用指针作为参数实现了函数返回多个值。而函数 analyse( ) 真正的 int 类型返回值一般用在判断函数是否成功执行。

练习：已知在数组中存放着不相重复的一系列数，要求从键盘输入一个数，在数组中查找与输入值相等的数的位置，并输出该值在数组中的位置；若不存在，输出提示信息。

7.6.2　调用求两数中较大者的函数——用指针调用函数

1. 提出问题

以往在调用函数时，采用直接调用函数语句：函数名（实参）;。

在 C 语言中，一个函数总是占用一段连续的内存区，而函数名就是该函数所占内存区的首地址。我们可以把函数的这个首地址（或称入口地址）赋予一个指针变量，使该指针变量指向该函数。然后通过指针变量就可以找到并调用这个函数。我们把这种指向函数的指针变量称为"函数指针变量"。

2. 函数指针变量

函数指针变量定义的一般形式为：

```
类型说明符 (*指针变量名)( );
```

其中"类型说明符"表示被指函数的返回值的类型。"(* 指针变量名)"表示"*"后面的变量是定义的指针变量。最后的空括号表示指针变量所指的是一个函数。例如：

```
int (*pf)( );
```

表示 pf 是一个指向函数入口的指针变量，该函数的返回值（函数值）是整型。

3. 案例解析

【例 7.16】 求两数中较大者，用指针实现对函数调用的方法。

```
#include "stdio.h"
int max(int a,int b){
    if(a>b)  return a;
    else  return b;
}
int main(){
    int max(int a, int b);
    int(*pmax)( );
    int x, y, z;
    pmax = max;
    printf("input two numbers:\n");
    scanf("%d%d", &x, &y);
    z=(*pmax)(x, y);
    printf("maxmum=%d", z);
    return 0;
}
```

从上面程序可以看出，用函数指针变量形式调用函数的步骤如下。

（1）先定义函数指针变量，如 int (*pmax)( );定义 pmax 为函数指针变量。

（2）把被调函数的入口地址（函数名）赋予该函数指针变量，如 pmax = max;。

（3）用函数指针变量形式调用函数，如 z=(*pmax)(x, y);。

（4）调用函数的一般形式为：(*指针变量名) (实参表)。

使用函数指针变量还应注意以下两点。

（1）函数指针变量不能进行算术运算，这是与数组指针变量不同的。数组指针变量加减一个整数可使指针移动指向后面或前面的数组元素，而函数指针的移动是毫无意义的。

（2）函数调用中"(*指针变量名)"两边的括号不可少，其中*不是求值运算，此处只是一种表示符号。

7.6.3 输出对应月份的英文名称——指针型函数

1. 案例描述

（1）提出问题

前面我们介绍过，所谓函数类型是指函数返回值的类型，可以是 int、float、double 等类型，那么函数返回值能不能为指针类型呢？

答案是肯定的，在 C 语言中允许一个函数的返回值是一个指针（即地址），这种返回指针值的函数称为指针型函数。

比如通过指针函数，输入一个 1～12 之间的整数，输出对应的月份英文名。

（2）程序执行结果

```
input Month No: 2
Month No:  2-->February
```

（3）涉及知识点

指针函数。

2. 指针函数

定义指针型函数的一般形式为：

```
类型说明符 *函数名(形参表)  {
    ……             /*函数体*/
}
```

其中函数名之前加了 "*" 号表明这是一个指针型函数，即返回值是一个指针。类型说明符表示了返回的指针值所指向的数据类型。例如：

```
int *compare(int x,int y){
    ……             /*函数体*/
}
```

表示 compare 函数返回类型为指针，它返回的指针指向一个整型变量。

如果用函数返回月份英文名，那么函数需要返回指向英文月份名的字符串的指针。

3. 程序解析

【例 7.17】 通过指针函数，输入一个 1～12 之间的整数，输出对应的月份英文名。

本例中定义了一个指针型函数 month_name，它的返回值指向一个字符串。

该函数中定义了一个静态指针数组 name。name 数组初始化赋值为 12 个字符串，分别表示各个月份名及出错提示。形参 n 表示与月份名所对应的整数。n 值若大于 12 或小于 1，则把 name[0]指针返回主函数，输出出错提示字符串 "Illegal month"；否则返回主函数，输出对应的月份名。

```
#include "stdio.h"
int main(){
    int i;
    char *month_name(int n);
    printf("input Month No:");
    scanf("%d", &i);
    if(i<0) exit(1);
    printf("Month No:%2d-->%s\n", i, month_name(i));
    return 0;
}
char * month_name(int n){
    static char *name[]=
    { "Illegal month", "January", "February", "March", "April", "May",
    "June", "July", "August", "September", "October", "November", "December"
};
    return((n<1 || n>12) ? name[0] : name[n]);
}
```

主函数中的第 7 行是个条件语句，其语义是，如输入为负数（i<0），则终止程序运行退出程序。exit 是一个库函数，exit(1)表示发生错误后退出程序，exit(0)表示正常退出。

注意
　　函数指针变量和指针型函数这两者在写法和意义上的区别。如 int(*p)( )和 int *p( )是两个完全不同的量。

（1）函数指针：int (*p)( )是一个变量说明，说明 p 是一个指向函数入口的指针变量，该函数的返回值是整型量，(*p)的两边的括号不能少。

（2）指针函数：int *p( )则不是变量说明而是函数说明，说明 p 是一个指针型函数，其返回值是一个指向整型量的指针，*p 两边没有括号。作为函数说明，在括号内最好写入形式参数，这样便于与变量说明区别。

对于指针型函数定义，int *p( )只是函数头部分，一般还应该有函数体部分。

在几个案例中都用到了函数，指针与函数的关系非常密切，关于函数参数的传递，指针作为函数参数，以及 main 函数、C 语言标准动态存储系列的函数的参数，都与指针关系密切，在后面章节中会详细讲述。

习　题

1. 简述指针变量基类型对指针操作的限制。
2. 结合本章后面习题实例，总结用指针操作数组的要点。数组名在操作中起什么作用？
3. 数组指针与指针数组有什么区别？
4. 解释下面指针说明的含义：

```
（1）int *p;      （2）int *p[5];     （3）int (*p)[5]; （4）int *fp();
（5）int (*fp)(); （6）int * (*fp)();    （7）void *fp(); （8）int **p;
```

5. 阅读程序，给出运行结果。

```c
（1）#include "stdio.h"
    int main(){
        int a[3][4]={1,2,3,4,5,6,7,8,9,10,11,12};
        int i,j,*p=&a[0][0];
        for (i=0; i<3; i++)
        {
            for (j=0; j<4; j++) printf("%4d",*p++);
            printf("\n");
        }
        return 0;
}
（2）#include "stdio.h"
    int main(){
        int a=10,*p,**pp;
        p=&a; pp=&p;     a++;
        printf("%d, %d, %d\n",a,*p,**pp);
        return 0;
}
（3）#include "stdio.h"
    int main(){
        char *str="zyxwvutsrqponmlkjihgfedcba";
        while (*str++!='f');
```

```
        printf("%s\n",str);
        return 0;
    }
(4)#include "stdio.h"
    int main(){
        int i,a[7]={1,2,3,4,5,6,7};
        for (i=0; i<7; i+=2) printf("%4d",*(a+i));
        return 0;
    }
```

6. 交互式接收用户输入的数据，放入一个数组中，然后将该数组中的元素反置（即首尾颠倒），最后输出反置的结果。

7. 利用指针形式编写一个统计字符串长度的程序。

8. 利用指向数组元素的指针变量访问二维数组的各个元素，并按逆序输出各元素的值。

9. 把某月的几号转换为这一年的第几天。例如，3月1日是非闰年的第60天，是闰年的第61天。

10. 用户输入一个月份号（如11），程序输出对应月份的英文名（November）。

11. 编写一个程序，按字母顺序对一组正文行排序，正文行是一串字符，最后以换行符结尾。

第8章
结 构 体

学习目标

- 掌握结构体的概念和特点;
- 熟练定义结构体数据类型;
- 掌握结构体变量的定义、引用及初始化方法;
- 了解结构体数组的特点;
- 能使用结构体数组解决简单的问题;
- 了解结构体指针和链表的概念、特点及链表的基本操作。

重点难点

- 重点: 结构体的定义,结构体变量的定义、初始化及引用,结构体数组的特点及使用方法。
- 难点: 结构体指针和链表的概念、特点及链表的基本操作的实现。

8.1 学生信息管理

8.1.1 案例描述

1. 提出问题

假设学生的基本信息包括学号、姓名、出生日期、所属院部系、所学专业、各门课程成绩,如何将学生基本信息保存起来呢? 当然可以定义下列变量或数组:

```
int num;  char name[24];  int year, month, day;  char department[48];
char major[32];    double score[4];
```

这些变量或数组分别用来存储学生基本信息:学号、姓名、出生年、出生月、出生日、院部系、专业、4 门课程成绩。

按以上方式存储学生的基本信息,显然有着很大的缺点:本来属于学生的这些属性信息,现在相互之间过于独立和分散,处理起来很不方便,那么如何将这些学生的基本信息组合到学生这一整体之中? 那就需要引入结构体(struct)这一概念。

要求:通过键盘输入 1 名学生的基本信息,包括学号、姓名、出生日期、所属院部系、所学专业、各门课程成绩,并在屏幕上输出。

2. 程序执行结果

该案例程序执行后的界面如图 8-1 所示。

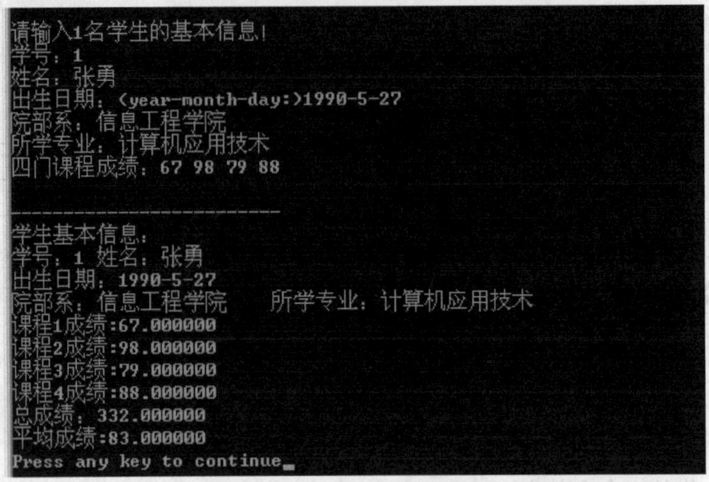

图 8-1　输入/输出学生基本信息

3．涉及的知识点

（1）数据类型选择：由于学生基本信息中包含信息的数据类型并不相同，仅靠前面章节内容已经无法完整表示，因此使用一种新的数据类型——结构体。

（2）结构体是一种自定义数据类型，利用结构体将同一个对象的不同类型属性的数据组成一个有联系的整体。也就是说可以定义一种结构体类型，将属于同一个对象（学生）的不同类型的属性数据组合在一起。

8.1.2　结构体与结构体变量

1．结构体

什么是结构体？简单地说，结构体是一个可以包含不同数据类型的结构，它是一种可以由用户自己定义的数据类型，除了结构体变量需要定义后才能使用外，结构体本身也需要定义。结构体由若干"成员"组成，每个成员可以是一个基本的数据类型，也可以是一个已经定义的构造类型。

结构体定义的一般形式：

```
struct 结构体名{
    类型1    成员1;
    类型2    成员2;
    ......
    类型n    成员n;
};
```

说明：

（1）"结构体名"，它又称为"结构体标志"，遵循标识符命名规定。

（2）成员名同样遵循标识符命名规定，它属于特定的结构体变量（对象），名字可以与程序中其他变量或标识符同名。

（3）使用结构体时，"struct 结构体名"作为一个整体，表示名字为"结构体名"的结构体类型。

（4）结构体类型的成员可以是基本数据类型，也可以是其他的已经定义的结构体类型（结构体嵌套)。结构体成员的类型不能是正在定义的结构体类型(递归定义,结构体大小不能确定),但可以是正在定义的结构体类型的指针。

(5)结构体是一种类型,定义类型在 C 语言中作为一条语句出现,所以结构体类型定义以";"结束。

上述案例中学生基本信息类型定义如下。

```
struct date{                        //日期类型定义
        int year;
        int month;
        int day;
    };
struct student{                     //学生基本信息类型定义
        int num;                    //学号
        char name[24];              //姓名
        struct date birthday;       //出生日期
        char department[48];        //院部系
        char major[32];             //专业
        double score[4];            //4 门课程成绩
        double sum;                 //总成绩
        double average;             //平均成绩
    };
```

学生基本信息类型定义可用图 8-2 描述。

num	name	birthday			department	major	score	sum	average
		year	month	day					

图 8-2　学生基本信息结构体类型

此图中出生日期为结构体类型,称为结构体嵌套。

温馨提示
结构体与数组的区别如下。
第一,结构体可以在一个结构中声明不同数据类型,而数组不能。
第二,相同结构体的结构体变量可以相互赋值,而数组不能。

2. 结构体变量

(1)结构体变量的定义

格式:struct 结构体名　变量 1,变量 2,…,变量 n;

表示学生基本信息的变量定义:struct student　student1, student2;

与其他数据类型的变量一样,一旦定义了变量后,系统就会为这个变量分配相应的存储空间。对于结构体变量而言,系统为之分配的存储单元数量取决于结构体所包含的成员数量,以及每个成员所属的数据类型。例如,上面定义的学生基本信息的变量包含 8 个成员(VC 环境下 int 型数据占用 4 字节存储空间),它们占用的字节数如图 8-3 所示。

成员	num	name	birthday			department	major	score	sum	average
			year	month	day					
字节数	4	24	4	4	4	48	32	4*8=32	8	8

图 8-3　结构体变量 student1 的存储状态

由图 8-3 可知，变量 student1 占用的存储空间为 168 字节。

说明：

结构体类型、变量是不同的概念，区别如下。

① 在定义时，一般先定义一个结构体类型，然后定义该类型的变量。

② 赋值、存取或运算只能对变量进行操作，不能对类型进行以上操作。

③ 编译时只对变量分配空间，对类型不分配空间。

（2）结构体变量的引用

引用结构体变量中的一个成员：

格式：结构体变量名.成员名

说明：

① "." 运算符是成员运算符。

例如：

```
student1.num=11301;
gets(student1.name);
```

② 成员本身又是结构体类型时的子成员的访问（使用成员运算符逐级访问）。

例如：scanf("%d ",& student1.birthday.year);

③ 同一种类型的结构体变量之间可以直接赋值（整体赋值，成员逐个依次赋值）。

例如：student2=student1;

④ 不允许将一个结构体变量整体输入/输出。

例如：scanf("%...",&student1);　　printf("%...",student1);　都是错误的。

（3）结构体变量的初始化

结构体变量也可以在定义时进行初始化，但是变量后面的一组数据应该用 "{}" 括起来，其顺序也应该与结构体中的成员顺序保持一致。

前面定义的结构体类型的变量 student1，我们可以对其做如下初始化：

struct student　　student1={1, "张强",{1990, 2，10},"信息工程学院","计算机",{76, 87, 91, 90}}, student2;

> **温馨提示**　此处进行初始化，可以只对变量的一部分成员赋初值，如果是中间成员未赋初值，应使用 "," 分隔，如下所示：
> 　　struct student　student1={1, "张强",{1990, 2, 10}, , "计算机",{76,, 91, 90}}, student2;

8.1.3　程序解析

【例 8.1】　学生基本信息的组织与管理问题。

要求通过键盘输入 1 名学生的基本信息，包括学号、姓名、出生日期、所属院部系、所学专业、各门课程成绩，并在屏幕上输出。

1. 问题分析

对于例 8.1，涉及的问题如果只用前面章节介绍的数据类型显然是无法完成的，因此有时需要将不同类型的数据组合成一个有机的整体来表达一种复合结构，而且这种复合结构中的数据是存在着某种联系的，如在学生基本信息管理中，学号（num）、姓名（name）、出生日期（birthday）、院部系（department）、所学专业（major）、课程成绩（score）、总成绩（sum）、平均成绩（average）

等共同构成了一个组合项，在一个组合项中包含若干各类型相同（可以不同）的数据项，这个组合项就是前面讲到的结构体。本案例使用了结构体解决学生基本信息管理问题，具体见源代码。

 温馨提示 在 C 语言中，结构体不能包含函数，C 语言中的结构体只能描述一个对象的状态，不能描述一个对象的行为。

2. 源代码

```c
#include "stdio.h"
#include "string.h"
#include "conio.h"
struct date{        //日期类型定义
        int year;
        int month;
        int day;
    };
struct student{                     //学生基本信息类型定义
        int num;                    //学号
        char name[24];              //姓名
        struct date birthday;       //出生日期
        char department[48];        //院部系
        char major[32];             //所学专业
        double score[4];            //4 门课程成绩
        double sum;                 //总成绩
        double average;             //平均成绩
    };
int main(){
    struct student stu;             //定义一个学生变量
    printf("请输入 1 名学生的基本信息！\n");
    printf("学号: ");
    scanf("%d%c",&stu.num);
    printf("\n 姓名: ");
    gets(stu.name);
    printf("\n 出生日期: (year-month-day:)");
    scanf("%d-%d-%d%c",&stu.birthday.year,&stu.birthday.month,&stu.birthday.day);
    printf("\n 院部系: ");
    gets(stu.department);
    printf("\n 所学专业: ");
    gets(stu.major);
    printf("\n4 门课程成绩: ");
    scanf("%lf %lf %lf %lf",&stu.score[0],&stu.score[1],&stu.score[2],
&stu.score[3]);
    printf("\n\n 学生基本信息: \n");
    printf("学号: %d\t 姓名: %s\t",stu.num,stu.name);
    printf("出生日期:%d-%d-%d\n",stu.birthday.year,stu.birthday.month,stu.
birthday.day);
    printf("院部系: %s\t 所学专业: %s\n",stu.department,stu.major);
    printf("课程 1 成绩:%f\n 课程 2 成绩:%f\n 课程 3 成绩:%f\n 课程 4 成绩:%f\n",
```

```
    stu.score[0],stu.score[1],stu.score[2],stu.score[3]);
    stu.sum=stu.score[0]+stu.score[1]+stu.score[2]+stu.score[3];
    stu.average=stu.sum/4.0;
    printf("总成绩：%lf\n平均成绩:%lf\n",stu.sum,stu.average);
    return 0;
}
```

温馨提示

（1）使用输入函数时最好结合输出函数，起到一个屏幕提示的作用，给读者提供一个友好的运行界面。

（2）如果前面已经输入了数据，接下来要输入字符数组成员值，在输入之前要先使用语句 "scanf("%c");" 接收一下空白字符，从而保证字符数组成员值接收正确。

（3）输入 double 型变量值时，需要使用格式符 "%lf"，如源代码中：scanf("%lf %lf %lf %lf",&stu.score[0],&stu.score[1],&stu.score[2],&stu.score[3]); 。

（4）输出数据时，每输出一个成员值最好使用 "\t" 或 "\n" 进行间隔（具体使用哪个转义字符视情况而定），保证输出结果一目了然。

练习 8-1　请编写一个程序，从键盘输入一名职工的职工号、姓名和工资，输出该职工的信息，并判断是否低于政府最低生活标准。政府最低生活标准（300.00 元/月）。

要求：先写出解决该问题的步骤，再编写程序实现。

提示　　解决这个问题的关键是获取一组单个职工信息的方法。应该声明一个包括职工号、姓名和工资的职工结构体类型。

8.2　学生成绩管理

8.2.1　案例描述

1. 提出问题

在 8.1 节中学习了定义结构体数据类型，并为其声明一个结构体类型的变量，用来存放一个对象（学生）的属性信息（学生的各种基本信息）。如果需要同时存储并处理多个对象，那应该怎样解决该问题呢？是否笨拙地定义多个结构体类型的变量呢？是不是还有更好的办法呢？

要求：通过键盘输入 50 名学生的基本信息，并在屏幕上输出，然后，计算每个学生的平均成绩及 50 名学生的平均成绩，最后统计高出平均成绩的学生人数。

2. 程序执行结果

执行后的界面如图 8-4 所示。（由于 50 名学生数据量比较大，此处以 3 名学生为例。）

3. 涉及的知识点

（1）结构体数组的使用，结构体数组即数组元素的类型为结构体类型的数组。C 语言允许使用结构体数组存放一类对象的数据。

（2）结构体变量作为函数参数，结构体变量可以像其他数据类型一样作为函数的参数。

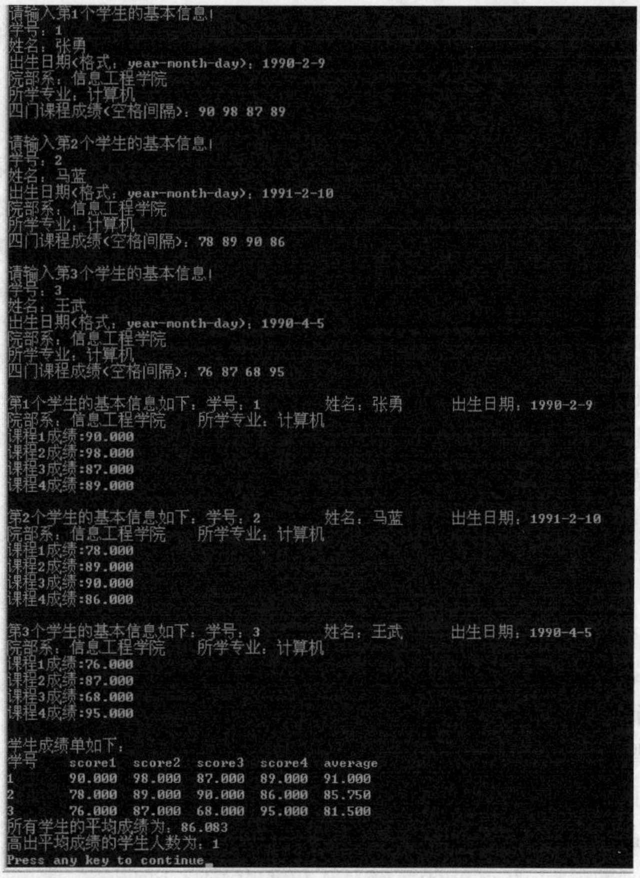

图 8-4　学生成绩管理

8.2.2　结构体数组与函数

1. 结构体数组

（1）结构体数组定义

类似普通结构体变量定义，只是将"变量名"用"数组名[长度]"代替，定义格式如下：

```
struct 结构体名　数组名[长度];
```

本案例中 50 名学生的基本信息可用结构体数组来存储，定义如下：

```
struct date{    //日期类型定义
        int year;
        int month;
        int day;
    };
struct student{                     //学生基本信息类型定义
        int num;                    //学号
        char name[24];              //姓名
        struct date birthday;       //出生日期
        char department[48];        //院部系
        char major[32];             //所学专业
        double score[4];            //4 门课程成绩
```

```
        double sum;                  //总成绩
        double average;              //平均成绩
    };
    struct student stu[50];          //定义结构体数组 stu
```

定义了结构体数组后，可以采用：数组元素.成员名，来引用结构体数组某个元素的成员，如：

```
scanf("%d%c",&stu[0].num);          //为结构体数组 0 号元素的学号成员键盘赋值
```

同样，如果结构体数组定义时存在结构体嵌套，如普通变量一样做相同处理，如：

```
scanf("%d-%d-%d%c",&stu[0].birthday.year,&stu[0].birthday.month,
&stu[0].birthday.day);
//键盘输入结构体数组 0 号元素的出生日期
```

（2）结构体数组初始化

在对结构体数组初始化时，要将每个元素的数据用"{}"括起来。本案例中对结构体数组进行初始化可用以下语句表达：

```
struct  student  stu[50]={{1,  " 张勇   ",{1990,2,5}," 信息工程学院 "," 计算机
",{78,89,90,68}},{2, "马蓝 ",{1991,4,7},"信息工程学院","计算机 ",{67,78,90,87}},{2, "王
武 ", {1991,12,30},"信息工程学院","计算机 ",{68,90,65,70}}};
```

说明：

此处赋初值可以只给其中一个或几个数组元素赋初值。

2. 结构体与函数

结构体变量与普通变量相同可作为函数参数，本案例中有 4 个自定义函数，都用到了结构体变量（此案例中用了结构体数组变量）作为函数参数，如下：

```
void inputInfo(struct student s[]);    //输入全部学生的基本信息
void outputInfo(struct student s[]);   //输出全部学生的基本信息
void average(struct student s[]);      //计算每个学生的平均成绩并输出
void count(struct student s[]);        //计算所有学生的平均成绩，统计高出平均成绩的学生人数
```

说明：

结构体数组作函数参数与普通数据类型的数组作函数参数用法相同。

8.2.3 程序解析

【例 8.2】 通过键盘输入 50 名学生的基本信息，并在屏幕上输出，然后，计算每个学生的平均成绩及 50 名学生的平均成绩，最后统计高出平均成绩的学生人数。

1. 问题分析

解决这个问题的关键是选择一个组织 50 名学生基本信息的有效方式。首先考虑一名学生信息的表示方式，从 8.1 节中已经得知，可用如下结构体类型描述：

```
struct date  //日期类型定义
{     };
struct student //学生基本信息类型定义
{     };
```

接下来，需要考虑如何组织 50 名学生的信息。如前所述，应该利用一维数组将它们组织在一起。该一维数组的定义如下：

```
struct student stu[NUM];          //定义 NUM 个学生变量，此处 NUM 为符号常量
```

在程序设计中，这种数组元素属于一个结构体类型的数据组织形式经常被采用，它可以将比

较复杂的数据关系描述出来，其效果清晰、简捷，符合人们的表示习惯。

2. 算法描述

（1）输入 50 名学生的信息；

（2）输出 50 名学生的信息；

（3）计算每个学生的平均成绩及 50 名学生的平均成绩；

（4）统计并输出高出平均成绩的学生人数。

按照结构化程序设计方法的设计思路，程序中除了主函数外，还设计了 4 个分别用于完成上述操作的函数，它们是 inputInfo()、outputInfo()、average()、count()。各函数之间的调用关系如图8-5 所示。

在图 8-5 中，向上的箭头表示由函数带出数据，向下的箭头表示传入函数的数据。

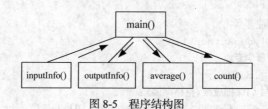

图 8-5　程序结构图

3. 源代码

```c
#include "stdio.h"
#include "string.h"
#include "conio.h"
#define NUM 3
struct date{   //日期类型定义
        int year;
        int month;
        int day;
};
struct student{                      //学生基本信息类型定义
        int num;                     //学号
        char name[24];               //姓名
        struct date birthday;        //出生日期
        char department[48];         //院部系
        char major[32];              //所学专业
        double score[4];             //4 门课程成绩
        double sum;                  //总成绩
        double average;              //平均成绩
};
void inputInfo(struct student s[]);
void outputInfo(struct student s[]);
void average(struct student s[]);
void count(struct student s[]);
int main(){
    struct student stu[NUM];         //定义 NUM 个学生变量
    inputInfo(stu);
    outputInfo(stu);
    average(stu);
    count(stu);
```

```
        return 0;
    }
    void inputInfo(struct student s[]){  /*输入全部学生的基本信息*/
        int i;
        printf("\nEnter %d student's information\n",NUM);
        for(i=0;i<NUM;i++){
            printf("\n 请输入第%d 个学生的基本信息！\n",i+1);
            printf("学号: ");
            scanf("%d%c",&s[i].num);
            printf("姓名: ");
            gets(s[i].name);
    printf("出生日期(格式: year-month-day): ");
    scanf("%d-%d-%d%c",&s[i].birthday.year,&s[i].birthday.month,&s[i].birthday.day
);
            printf("院部系: ");
            gets(s[i].department);
            printf("所学专业: ");
            gets(s[i].major);
            printf("4 门课程成绩(空格间隔): ");
            scanf("%lf %lf %lf %lf",&s[i].score[0],&s[i].score[1],&s[i].score[2],
&s[i].score[3]);
        }
    }
    void outputInfo(struct student s[ ]){  /*输出全部学生的基本信息*/
        int i;
        for(i=0;i<NUM;i++){
            printf("\n 第%d 个学生的基本信息如下: ",i+1);
            printf("学号: %d\t 姓名: %s\t",s[i].num,s[i].name);
            printf("出生日期: %d-%d-%d\n",s[i].birthday.year,s[i].birthday.month,
s[i].birthday.day);
            printf("院部系: %s\t 所学专业: %s\n",s[i].department,s[i].major);
            printf("课程 1 成绩:%.3f\n 课程 2 成绩:%.3f\n 课程 3 成绩:%.3f\n 课程 4 成
绩:%.3f\n",s[i].score[0],s[i].score[1],s[i].score[2],s[i].score[3]);
        }
    }
    void average(struct student s[ ]){  /*计算每个学生的平均成绩并输出*/
        int i;
        printf("\n 学生成绩单如下: ");
        printf("\n 学号\tscore1\tscore2\tscore3\tscore4\taverage");
        for(i=0;i<NUM;i++)
        {
            s[i].sum=s[i].score[0]+s[i].score[1]+s[i].score[2]+s[i].score[3];
            s[i].average=s[i].sum/4.0;
printf("\n%d\t%.3f\t%.3f\t%.3f\t%.3f\t%.3f",s[i].num,s[i].score[0],s[i].score[1],s
[i].score[2],s[i].score[3],s[i].average);
        }
    }
    void count(struct student s[ ]){  /*计算所有学生的平均成绩, 统计高出平均成绩的学生人数*/
        int i,number=0;
        double sum=0.0,average;
        for(i=0;i<NUM;i++)        sum+=s[i].average;
```

```
average=sum/NUM;
printf("\n 所有学生的平均成绩为: %.3f",average);
for(i=0;i<NUM;i++)        if(s[i].average>=average) number++;
printf("\n 高出平均成绩的学生人数为: %d\n",number);
}
```

温馨提示　　使用自定义函数要提前声明, 如本案例中主函数之上提前声明了自定义函数, 如: void inputInfo(struct student s[]);。

练习 8-2　假设通过键盘输入一个含有 12 个整数的数列。请编写一个程序, 将 12 个整数按照从小到大的顺序重新排列, 要求输出排序后的结果以及每个整数在排序前的位置。

提示　　前面章节已经介绍过排序操作的实现方法。然而, 这个题目不仅要求输出排序之后的结果, 还要求输出每个数据在排序前的位置。解决这个问题的一种方法是: 将原始位置作为每个数据的属性保留起来, 并借助于结构类型将每个数值及其位置绑定在一起, 形成描述每个数据的整体信息。

如果在排序过程中, 需要交换两个数据的位置, 可以将两个数据对应的结构体变量整体交换, 从而使每个数据的原始位置信息永远跟随数据一同移动, 可使用下面的结构体类型:

```
typedef struct sequence{
    int data;           //整型数值
    int position;       //原始位置
}DATATYPE;
```

算法描述:

可以按照顺序执行下列操作, 并将各操作设计成函数。

(1) 输入 12 个整数, 记录每个整数和位置。

(2) 按照整数数据从小到大的顺序重新排序。

(3) 输出数据及其位置。

8.3　单链表基本操作

8.3.1　案例描述

1. 提出问题

在 8.2 节中将多个学生的信息存放在结构体数组中。我们知道数组在内存中是地址连续分配的, 好处是能利用数组的下标随机访问数组中的某个元素, 但也存在如下缺点: 当删除数组中某个元素时, 需要将被删元素后面的所有元素向前移动一次; 当向数组插入某个元素时, 需要将被插入位置后的所有元素后移一次, 以空出待插位置。即当数组需要删除或插入一个元素时, 要移动大量数组元素。如何克服该缺点呢? 答案是引入链表的概念。

【例 8.3】　一个链表由若干个链表结点连接而成。在单链表中, 每个链表结点包括两个域: 用来存储数据的数据域和用来链接下一个链表结点的指针域, 如图 8-6 所示。

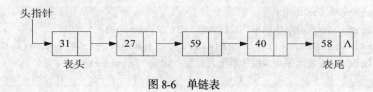

图 8-6　单链表

要求：

（1）用 C 语言描述单链表；

（2）实现单链表的初始化、判空、建立、插入、删除、遍历等基本操作。

2. 执行结果

该案例程序执行后的界面如图 8-7 所示。

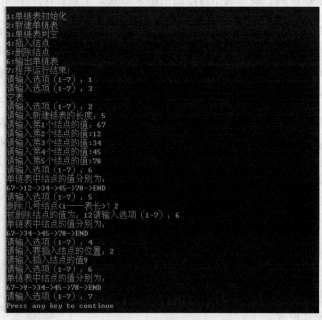

图 8-7　执行界面

3. 涉及的知识点

（1）表头：链表中第一个结点；表尾：链表中最后一个结点（即指针域为空，图中用"Λ"表示，C 语言中用"NULL"表示）。

（2）头指针：表头结点的地址。链表中通过头指针可以访问到表头结点，通过前一个结点的指针可以访问到后一个结点，当前结点指针为空时，说明已经到达表尾结点。

（3）空链表：不含结点的链表，此时头指针为空。

（4）单链表插入：在指定位置插入一个新结点，如图 8-8 所示，当在链表中插入一个结点时，首先判断链表是否为空链表，如果是空链表，则修改头指针使之直接指向要插入的结点；否则，由头指针指向的表头位置开始查找插入位置，找到后将要插入的结点插入到链表中。

（5）单链表删除：删除链表中指定的一个结点，与在单链表中插入一个结点的算法相同，也要先找到待要删除的结点，然后修改指针将其删除，如图 8-9 所示，如果单链表为空，则删除出错。

（6）单链表建立：按照从前往后的顺序或者相反顺序依次插入链表中各个结点。

（7）单链表遍历：从单链表中第 1 个结点开始，逐个访问结点的值，直到最后一个结点结束，使得单链表中每个结点有且只被访问一次。

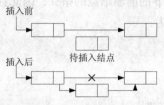

图 8-8 在链表中插入一个结点

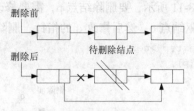

图 8-9 从链表中删除一个结点

8.3.2 单链表及其基本操作

1. 单链表的 C 语言表示

（1）结点的 C 语言表示

```
typedef struct node{          //结点类型
    int data;                 //数据域
    struct node  *next;       //指针域
}NODE;
```

（2）单链表的 C 语言表示

```
typedef struct linkedList{    //链表类型
    Node *front,*rear;        //front 指向表头，rear 指向表尾
    int size;                 //链表结点个数
}LinkedList;
```

2. 单链表的基本操作

（1）单链表的初始化

```
void InitLinkedList(LinkedList *L){   //单链表初始化，建立一个空链表
    L->front=NULL;
    L->rear=NULL;
    L->size=0;
}
```

（2）单链表判空

```
status IsEmpty(LinkedList *L){        //判断链表是否为空
    return L->size?FALSE:TRUE;
}
```

（3）单链表中插入结点

如图 8-10 所示，要在 p 结点之前插入结点 s，首先要找到 p 的前驱结点 q，然后修改新插入结点和其前驱结点的指针即可插入，插入语句描述为：

```
s->next=p;
q->next=s;
```

图 8-10 单链表中插入结点

（4）单链表中删除结点

如图 8-11 所示，要删除结点 p，需要修改的是结点 p 的前驱结点的指针，因此首先要找到结点 p 的前驱结点 q，然后修改 q 的指针，删除语句描述为：

```
q->next=p->next;
free(p);
```

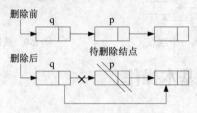

图 8-11　单链表中删除结点

（5）遍历单链表——输出单链表中所有结点，如图 8-12 所示。

图 8-12　遍历单链表

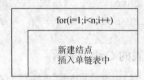

图 8-13　建立单链表

（6）建立单链表，如图 8-13 所示。

8.3.3　程序解析

1. 问题分析

该案例中设计的问题主要是单链表的表示和基本操作的实现，8.3.2 小节中已经做了介绍，在此不再赘述，具体的实现见源代码。

2. 算法描述

在这个程序中，需要执行下列操作：

（1）单链表初始化；

（2）建立单链表；

（3）单链表判空；

（4）结点插入；

（5）结点删除；

（6）单链表遍历。

其中每个操作可用一函数实现，上述操作对应的函数分别为：InitLinkedList()、creat()、IsEmpty()、InsertNode()、ListDelete()、visit()。

上述 6 个函数除 InitLinkedList() 需要第一个执行之外，其他函数执行顺序任意，为此需要给出选择，通过选择决定执行哪个函数。根据前面章节介绍的内容可知，对于多个选项执行顺序任意的情况，通常采用开关语句（switch/case）实现。对于开关语句只能执行一次，一次选择只能执行一个函数，要想实现多次选择，需要结合循环使用，具体使用方法见源代码。

3. 源代码

```
#include "stdio.h"
```

```
#include "malloc.h"
#include "stdlib.h"
#define ERROR 0
#define OK 1
#define TRUE 1
#define FALSE 0
typedef int status;
typedef struct node{            //结点类型
    int data;                   //数据域
    struct node  *next;         //指针域
}Node;
typedef struct linkedList{     //链表类型
    Node *front,*rear;          //front 指向表头，rear 指向表尾
    int size;                   //链表结点个数
}LinkedList;
void InitLinkedList(LinkedList *L);
status IsEmpty(LinkedList *L);
status InsertNode(LinkedList *L,int i,int e);
status ListDelete(LinkedList *L,int i,int *e);
void visit(LinkedList *L);
LinkedList *creat(int n);
int main(){
    LinkedList *L=(LinkedList *)malloc(sizeof(LinkedList));
    int e,length,i,condition;
    printf("\n:请选择功能选项: ");
    printf("\n1:单链表初始化");
    printf("\n2:新建单链表");
    printf("\n3:单链表判空");
    printf("\n4:插入结点");
    printf("\n5:删除结点");
    printf("\n6:输出单链表");
    printf("\n7:程序运行结束! ");
    printf("\n:请输入选项（1~7）: ");
    loop:scanf("%d",&condition);
    while(condition!=7){
        switch(condition){
            case 1:  InitLinkedList(L);break;
            case 2:  printf("请输入新建链表的长度：");
                     scanf("%d",&length);
                     L=creat(length);
                     break;
            case 3:  if(IsEmpty(L)) printf("空表\n");
                     else printf("非空表\n");
                     break;
            case 4:  printf("请输入要插入结点的位置：");
                     scanf("%d",&i);
                     printf("请输入插入结点的值");
                     scanf("%d",&e);
                     InsertNode(L,i,e);
                     break;
```

```
                case 5: ListDelete(L,i,&e);    break;
                case 6: visit(L); break;
                case 7: printf("\n 程序运行结束！"); exit(1);
                default: printf("输入选项出错，请重新输入：");
                goto loop;
            }
            printf("请输入选项（1~7）：");
            scanf("%d",&condition);
    }
    return 0;
}
void InitLinkedList(LinkedList *L){
    //单链表初始化，建立一个空链表
    L->front=NULL;
    L->rear=NULL;
    L->size=0;
}
status IsEmpty(LinkedList *L){
    //判断链表是否为空
    return L->size?FALSE:TRUE;
}
status InsertNode(LinkedList *L,int i,int e){
    //在单链表 L 中第 i 个结点之前插入一个结点，该结点数据域为 e
    Node *p,*q,*newNode;
    int j;
    if(IsEmpty(L)){                    //在空表中插入结点
        newNode=(Node *)malloc(sizeof(Node));//为新结点分配存储空间
        if(newNode==NULL){          //分配存储空间失败
            printf("Memory allocation failure!\n");
            return ERROR;
        }
        newNode->data=e;
        newNode->next=NULL;
        L->front=L->rear=newNode;
    }
    else{
        if(i==1){
            //插入位置为 1 号位置
            p=L->front;
            newNode=(Node *)malloc(sizeof(Node));
            if(newNode==NULL){//分配存储空间失败
                printf("Memory allocation failure!\n");
                return ERROR;
            }
            newNode->data=e;
            L->front=newNode;
            newNode->next=p;
        }
        else{    //插入位置 i>1
            for(p=q=L->front,j=1;p&&j<i;++j){
                //寻找第 i 个结点，p 指向 i 结点，q 指向其前驱
                q=p;
```

```
                    p=p->next;
            }
            if(!p||j>i) return ERROR;//插入位置非法
            newNode=(Node *)malloc(sizeof(Node));
            if(newNode==NULL){//分配存储空间失败
                printf("Memory allocation failure!\n");
                return ERROR;
            }
            newNode->data=e;
            newNode->next=p;
            q->next=newNode;
        }
    }
    L->size++;
    return OK;
}
status ListDelete(LinkedList *L,int i,int *e){
    //在单链表 L 中删除第 i 个结点, 并由 e 返回其数据域的值
    Node *p,*q;
    int j=1,k;
    p=q=L->front;
    if(p==NULL){
        printf("空表, 无法删除结点! \n");
        return ERROR;
    }
    printf("删除几号结点(1—表长)? ");
    scanf("%d",&k);
    if(i==1){    //删除 1 号结点
        L->front=p->next;
        *e=p->data;
        free(p);
        L->size--;
    }
    else{
        while(p->next&&j<i){        //寻找第 i 个结点, 并令 q 指向其前驱
            q=p;
            p=p->next;
            ++j;
        }
        if(!p||j>i)return ERROR; //删除位置不合理
        /*删除并释放结点*/
        q->next=p->next;
        if(p==L->rear)               //被删除结点为表尾结点, 需修改表尾
            L->rear=q;
        *e=p->data;
        free(p);
        L->size--;
    }
    printf("被删除结点的值为: %d",e);
    return OK;
}
void visit(LinkedList *L){          //输出单链表中各个结点的值
```

```
    Node *p;
    p=L->front;
    if(p==NULL)  printf("空表\n");
    else{
        printf("单链表中结点的值分别为：\n");
        while(p!=NULL){
            printf("%d->",p->data);
            p=p->next;
        }
        printf("END\n");
    }
}
LinkedList *creat(int n){              //建立单链表
    int k;
    Node *p;
    LinkedList *L=(LinkedList *)malloc(sizeof(LinkedList));
    L->size=0;
    p=(Node*)malloc(sizeof(Node));
    printf("请输入第 1 个结点的值：");
    scanf("%d",&p->data);
    p->next=NULL;
    L->front=L->rear=p;
    for(k=2;k<=n;k++){
        p=(Node*)malloc(sizeof(Node));
        printf("请输入第%d 个结点的值:",k);
        scanf("%d",&p->data);
        p->next=NULL;
        L->rear->next=p;
        L->rear=p;
        L->size++;
    }
    return(L);
}
```

温馨提示　　程序中使用 goto 语句避免死循环，算法描述要条理清晰。

8.3.4　利用循环链表解决猴子选大王问题

1. 提出问题

猴子选大王问题：一堆猴子都有编号，编号是 1，2，3…，m，这群猴子（m 个）按照 $1-m$ 的顺序围坐一圈，从第 1 开始数，每数到第 N 个，该猴子就要离开此圈，这样依次下来，直到圈中只剩下最后一只猴子，则该猴子为大王。

2. 运行结果

程序运行界面如图 8-14 所示。

3. 问题分析

题目中 m 个猴子按照 $1-m$ 的顺序围坐一圈，因而启发我们用一个循环的链表来表示。可以使用结构体数组来构成一个循环链表（让单链表中最后一个结点指向第一个结点，即构造一个循环链表)。结构体中有两个成员,其一为指向下一个猴子的指针,以构成环形的链;其二为该猴子的编号。从第一个猴子开始对还未离开此圈的猴子进行计数,每数到 *n* 时,让该猴子离开此圈。这样循环计数直到有 1 个猴子剩下为止,则剩下的猴子为猴王。下面是该结构体的具体声明内容:

```
struct monkey{
    int num;
    struct monkey *next;
};
```

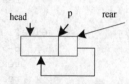

图 8-14 程序运行界面

4. 算法描述

在这个程序中,需要按照顺序执行下列操作。

(1)构造循环链表 head

① 初始化空表:head=rear=NULL。

② 空循环链表中插入结点 p,如图 8-15 所示。

③ 非空表中插入结点 p,如图 8-16 所示。

图 8-15 空表中插入结点

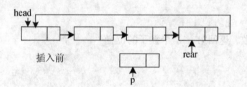
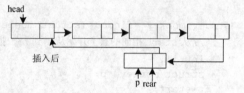

图 8-16 非空表中插入结点

(2)选猴王

① 初始化计数器,报数处理。

② 离开猴子的处理。

③ 输出猴王。

5. 源代码

```c
#include "stdio.h"
#include "malloc.h"
struct monkey{
    int num;
    struct monkey *next;
};
struct monkey *create(int m);
struct monkey *findout(struct monkey *start,int n);
struct monkey *letout(struct monkey *last);
void king(struct monkey *head,int m,int n);
int main(){
    int m,n;
    struct monkey *head;
    printf("\n 请输入猴子的个数 m:");
    scanf("%d",&m);
```

```
        printf("每次数猴子的个数 n :");
        scanf("%d",&n);
        head=create(m);
        king(head,m,n);
        return 0 ;
    }
    struct monkey *create(int m){        //生成单向循环链表
        struct monkey *head=*rear= NULL,*p,*rear;//head 指向表头，rear 指向表尾
        int i,LEN=_sizeof(struct monkey);   //将结构体类型占用的字节数存在 LEN 中
        for(i=1;i<=m;i++){
            p=(struct monkey *)malloc(LEN);
            p->num=i;
            if(head==NULL){                //循环链表为空
                head= rear=p;
                rear->next=head;
            }
            else{                          //一般情况
                p->next=head;
                rear->next=p;
                rear=p;
            }
        }
        return head;
    }
    struct monkey *findout(struct monkey *start,int n){
        //从 start 指向的猴子开始从 1 到 n-1 报数，返回第 n-1 个猴子的位置
        int i;
        struct monkey *p;
        p=start;
        for(i=1;i<n-1;i++)
            p=p->next;
        return p;
    }
    struct monkey *letout(struct monkey *last){
        //删除 last 指向的结点的后继结点，并返回被删除结点的后继
        struct monkey *out,*next;//out:被删除结点,next:被删除结点的后继
        out=last->next;
        last->next=out->next;
        next=out->next;
        free(out);
        return next;
    }
    void king(struct monkey *head,int m,int n){
        //m 个猴子从 head 指向的猴子开始从 1 到 n 报数,删除第 n 个猴子,
        //从被删除猴子的下一个开始重复上述操作
        //直到剩下一个猴子,该猴子为猴王
        struct monkey *p1,*p2;
        int i,king;
        if(n==1){   //n 值为 1
            king=m;
        }
        else{        //n!=1
```

```
        p1=p2=head;
        for(i=1;i<m;i++){
                p2=findout(p1,n);
                p1=p2;
                p2=letout(p1);
                p1=p2;
        }
        king=p2->num;
        free(p2);
    }
    printf("猴王的编号是: %d\n",king);
}
```

温馨提示

链表的操作要结合结点结构图，轻松掌握指针的指向。

8.4　综合应用

1．提出问题

记录学生考试成绩情况。假设在一个班中有 50 名学生，为了能够在毕业的时候打印出学生的成绩单，应该将每个学生的每次考试成绩记录下来。鉴于简化问题的考虑，这里仅记录每个学生参加考试的课程名称和考试成绩。请编写一个程序，记录这个班级中每个学生的考试成绩情况。

2．运行结果

由于输入 50 名学生的信息工作量相对较大，此处以输入 2 名学生为例显示运行结果，如图 8-17 所示。

图 8-17　学生考试成绩运行界面

3．问题分析

在大学中，除了专业必修课程外，每个学生可以选修不同门次、不同类别的课程，这样就导致了每个学生所参加的考试科目不一致，数量也不同。因此，很难采用一种数目相对固定的形式组织数据，此处采用链表能够比较容易组织这类数据。

在这个程序中，主要应该描述两个部分的数据：一是学生信息，假设只包含学生姓名，由于这部分数据的数量已经相对固定，所以可以采用一维数组组织学生信息；二是每个学生的若干门课程的考试成绩，由于每个学生的考试科目及数量可能不同，甚至相差可能较大，此时可采用单链表表示这部分数据。其中，每个结点包含课程名称、考试成绩和 next 指针。图 8-18 所示是这两部分的组织结构图。

本例遵循结构化程序设计思想，为求解该问题，设计了 3 个函数，它们是用于完成输入学生基本信息的函数 inputStuInfo()，用于完成输入考试信息的函数 inputCourseInfo() 和用于输出全部信息的函数 outputInfo()。程序的整体结构如图 8-19 所示。

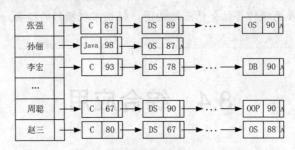

图 8-18　学生成绩数据组织结构图

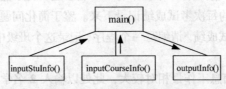

图 8-19　程序整体结构图

4. 算法描述

在这个程序中，需要按照顺序执行下列操作。

（1）输入学生信息；

（2）输入考试信息；

（3）输出学生考试成绩情况。

5. 源代码

```c
#include "stdio.h"
#include "string.h"
#include "stdlib.h"
#define NUM 2
typedef struct cnode{        //考试成绩结点结构
    char cname[20];          //课程名称
    double score;            //成绩
    struct cnode *next;
}Cnode;
typedef struct stunode{      //学生基本信息结点结构
    char name[20];           //学生姓名
    Cnode *head,*rear;       //指向成绩链表的头指针和尾指针
```

```
}Snode;
void inputStuInfo(Snode[]);
void inputCourseInfo(Snode[],int);
void outputInfo(Snode[]);
int main(){
    int i;
    Snode s[NUM];
    inputStuInfo(s);        //输入学生信息
    for(i=0;i<NUM;i++){
        printf("\n----------------------------------");
        printf("\n请输入%s的成绩:",s[i].name);
        inputCourseInfo(s,i);//输入一个学生的所有成绩
    }
    outputInfo(s);           //输出所有学生的信息和成绩
    return 0;
}
void inputStuInfo(Snode s[]){
    int i;
    printf("\n请输入%d个学生姓名(回车分隔):\n",NUM);
    for(i=0;i<NUM;i++)
{
        gets(s[i].name); //键盘接收学生姓名
        //scanf("%c");     //接收姓名之间的空白字符
        s[i].head=s[i].rear=NULL;
    }
}
void inputCourseInfo(Snode s[],int no){
    Cnode *p;
    int i;
    p=(Cnode*)malloc(sizeof(Cnode));
    printf("\n课程名:");
    gets(p->cname);
    printf("成绩: ");
    scanf("%lf",&p->score);
    p->next=NULL;
    s[no].head=s[no].rear=p; //新结点插入空链表
    printf("继续按0,否则退出! ");
    scanf("%d%c",&i);
    while(i==0){
        p=(Cnode*)malloc(sizeof(Cnode));
        printf("\n课程名:");
        gets(p->cname);
        printf("成绩: ");
        scanf("%lf",&p->score);
        p->next=NULL;
        /*新结点插入链表表尾*/
        s[no].rear->next=p;
        s[no].rear=p;
        printf("继续按0,否则退出! ");
        scanf("%d%c",&i);
    }
}
```

```
void outputInfo(Snode s[]){
    int i;
    Cnode *p;
    printf("\n----------------------------------");
    printf("\n 姓名\t 课程成绩");
    for(i=0;i<NUM;i++)
{
        printf("\n%s:\t",s[i].name);
        for(p=s[i].head;p!=NULL;p=p->next)
            printf("(%s:%.2f)->",p->cname,p->score);
        printf("END\n");
    }
}
```

8.5 小 结

本章主要内容如下。

1. 结构体

（1）结构体定义。

（2）结构体变量定义（3 种格式）。

格式一：先定义结构体类型，再定义结构体变量。

```
如：struct student{              //学生基本信息类型定义
        int num;            //学号
        char name[24];   //姓名
        ......
    };
struct student  student1, student2;
```

这种定义方式的特点是：可以把结构体的说明部分作为文件存放起来，这样可以借助于 #include 语句把它复制到任何源文件中，用以定义同类型的其他结构体变量。

格式二：声明结构体类型的同时直接定义变量。

```
如：struct student{              //学生基本信息类型定义
        int num;            //学号
        char name[24];   //姓名
        ......
    }student1,student2;
```

这种定义方式的特点是：定义一次结构体变量后，在该定义的任何位置还可以用该结构体类型来定义其他结构体变量。

格式三：直接定义结构体变量（不给出结构体名，匿名的结构体类型）。

```
如：struct {              //学生基本信息类型定义
        int num;            //学号
        char name[24];   //姓名
        ......
    }student1,student2;
```

这种定义方式的特点是：该定义方法由于无法记录该结构体类型，所以除直接定义外，不能再定义该结构体类型变量，也就是说要想再定义该结构体类型变量，就得将"struct {…}"这部分重新写。

（3）结构体变量的引用与初始化。

2. 结构体与函数

（1）结构体数组的定义及初始化。

（2）结构体变量作函数参数。

3. 结构体与指针

（1）单链表定义及基本操作。

（2）单链表结点及链表的 C 语言描述。

（3）单链表基本操作的 C 语言描述。

习　　题

1. 指出程序段中的语法错误。

```
#include "stdio.h"
int main()
{
    int z=2;
    struct ABC
    {
        char x,xx[10];
        int y,z;
    }
    ABC a,b,c;
    scanf("x=%c",a.&x);
    gets(b.xx);
    c.z=z+'A';
    printf("%c,%c,%s",c.z,&a.x,xx);
    return 0;
}
```

2. 分析程序执行结果。

```
#include "stdio.h"
int main()
{
    int i,s,sum=0;
    struct
    {
        int a,b,c;
    }x={1,2,3},y={4,5,6},z={7,8,9};
    for(i=1;i<=3;i++)
    {
        switch(i)
        {
        case 1:s=x.a+x.b+x.c;
            printf("\nnum x:%5d%5d%5d,%5d",x.a,x.b,x.c,s);
            break;
        case 2:s=y.a+y.b+y.c;
            printf("\nnum y:%5d%5d%5d,%5d",y.a,y.b,y.c,s);
            break;
```

```
     case 3:s=z.a+z.b+z.c;
          printf("\nnum z:%5d%5d%5d,%5d",z.a,z.b,z.c,s);
          break;
     }
     sum=sum+s;
   }
   printf("\nTotal sum=%d\n",sum);
   return 0;
}
```

3. 定义一个结构体 point 表示空间中的一点。键盘输入空间 N 个点（N 用#define 定义），找出哪一点距原点最远，并输出该点的空间坐标。

提示

结构体 point 定义如下。

```
typedef struct point
{
    //定义 3 个坐标成员：x,y,z 以及点到原点的距离成员：l
    double x,y,z,l;
}Point;
```

4. 定义一个结构体 shangpin 表示一种商品的名称、数量、单价，根据某天商店零售记录：
（1）计算该天总销售额；
（2）按商品名汇总当日销售的商品（某种商品当日销出的总数量）。

第9章
文件

学习目标

- 将字符串写入（存入）文件；
- 从文件中读取学生基本信息；
- 复制文件；
- 学生信息管理系统。

重点难点

- 重点：文件的概念、结构体类型 FILE；文件的打开和关闭；文件读写函数。
- 难点：文件指针的使用，文件读写函数及文件编程的基本方法。

前面章节的程序中所涉及的数据输入方式是采用键盘输入数据，程序运行结果是输出到显示器上的。这种数据的输入/输出方式不能长久地保存数据，无法进行大批量数据的输入/输出。为了提高数据输入/输出的处理效率，引入"文件"这一概念。程序所处理的原始数据从文件读入到内存，在内存中对数据处理后，再将程序运行结果写入（保存）到文件。

9.1　将字符串写入文本文件

9.1.1　案例描述

1．提出问题

以往程序通常将数据保存到变量中，而变量是通过内存单元来保存数据。当需要长久保存数据，或输入/输出数据量较大时，这种方式就不再适用了。这时就需要将数据存储在磁盘文件中，编写程序对文件进行读写操作，比如将"Hello world!"字符串写入文件。

2．该案例程序运行结果

编制程序，如果将"Hello world!"字符串写入到"C:\hello.txt"中，程序运行结果将会在"C:\"中建立文本文件 hello.txt，其文件内容为"Hello world!"，可以用记事本打开该文件进行验证。

3．涉及知识点

该案例涉及文件类型、文件指针变量、打开文件函数 fopen（ ）、关闭文件函数 fclose（ ）、格式化文件写函数 fprintf（ ）等知识点。

9.1.2 文件概述

1. 文件

文件是存储在外部介质上一组相关数据的集合。

例如，程序文件就是程序代码的集合；数据文件就是数据的集合。

2. 文件名

操作系统以文件为单位对数据进行管理，每个文件都有一个名称，文件名是文件的标识，操作系统通过文件名访问文件。

例如，通过文件名查找文件，由操作系统先按文件名从外部介质（如磁盘）找到所指定的文件，然后从该文件中读取数据。要向外部介质上存储数据，则必须先建立一个文件，然后向它输出（写入）数据。

3. 磁盘文件、设备文件

（1）磁盘文件：文件一般保存在磁介质（如软盘、硬盘）上，所以称为磁盘文件。

（2）设备文件：操作系统还经常将与主机相连接的 I/O 设备也看作文件，即设备文件。如将键盘看作输入文件，将显示器和打印机看作输出文件。很多磁盘文件的概念、操作，对设备文件也同样有意义，有效。

4. ASCII 文件、二进制文件

根据文件的组织形式，文件可以分为 ASCII 文件和二进制文件。

（1）ASCII 文件（文本文件）：每个字节存放一个 ASCII 码，代表一个字符。ASCII 文件可以阅读，可以打印，但是它与内存数据交换时需要转换。

（2）二进制文件：将内存中的数据按照其在内存中的存储形式原样输出，并保存在文件中。二进制文件占用空间少，内存数据和磁盘数据交换时无需转换，但是二进制文件不可阅读、打印。

例如：同样的整数 10000，如果保存在文本文件中，就可以用 notepad、edit 等文本编辑器阅读，也可以在 dos 下用 type 显示，它占用 5 字节；如果保存在二进制文件中，不能阅读，但是我们知道，一个整数在内存中用补码表示并占用 2 字节，所以如果保存在二进制文件中，就占用 2 字节。

文本文件/二进制文件不是用后缀来确定的，而是以内容来确定的，但是文件后缀往往隐含其类别，如*.txt 表示文本文件，*.doc、*.bmp、*.exe 表示二进制文件。

5. 缓冲文件系统、非缓冲文件系统

（1）缓冲文件系统：系统自动的在内存中为每个正在使用的文件开辟一个缓冲区。从磁盘读数据时，一次从磁盘文件将一些数据输入到内存缓冲区（充满缓冲区），再从缓冲区逐个将数据送给接收变量；向磁盘文件输出数据时，先将数据送到内存缓冲区，装满缓冲区后才一起输出到磁盘。这样可以减少对磁盘的实际访问（读/写）次数。ANSI C 只采用缓冲文件系统。

磁盘文件按扇区来组织数据，规定每个扇区大小为 512B，缓冲区的大小由 C 语言的版本决定，一般也把缓冲区的大小定为 512B。

（2）非缓冲文件系统：不由系统自动设置缓冲区，而由用户根据需要设置。

C 语言中，没有输入/输出语句，对文件的读写都是用库函数实现的。

6. 文件结构与文件类型指针

程序使用一个文件，系统就为此文件在内存中开辟一个区域，用于存放各个文件的相关信息，如文件的名字、文件的状态等。这些信息保存在一个结构体变量中。该结构体类型名为 FILE，在

头文件 stdio.h 中定义。以下是文件结构类型的声明：

```
typedef  struct
{
        short          level;          /* 缓冲区使用量 */
        unsigned        flags;          /* 文件状态标志 */
        char           fd;             /* 文件描述符 */
        short          bsize;          /* 缓冲区大小 */
        unsigned char  *buffer;         /* 文件缓冲区首地址 */
        unsigned char  *curp;           /* 指向文件缓冲区的工作指针 */
        unsigned        istemp;         /* 临时文件指示器 */
        short          token;          /* 用于有效性检查*/
}  FILE;
```

通常对 FILE 结构体的访问是通过 FILE 类型指针变量（简称文件指针）完成的文件指针变量指向文件类型变量，简单地说，文件指针指向文件。可以定义文件指针变量如下：

```
FILE * fp;
```

每一个文件都有自己的 FILE 结构和文件缓冲区。通过文件指针 fp 就可以访问 FILE 结构，如 fp->curp 就指示文件缓冲区中存取数据的位置。一般来说，不用关心 FILE 结构体内部的内容，这些信息由系统在打开文件时填入和使用，程序只使用文件指针 fp，fp 即代表文件整体。

对文件的操作都是通过调用标准库函数来完成的，下面来介绍常用的文件操作函数。

9.1.3 文件的打开和关闭

事实上只需要使用文件指针完成文件的操作，根本不必关心文件类型变量的内容。在打开一个文件后，系统开辟一个文件变量，并返回此文件的文件指针；将此文件指针保存在一个文件指针变量中，以后所有对文件的操作都通过此文件指针变量完成；直到关闭文件，文件指针指向的文件类型变量才被释放。对文件的操作步骤是：先打开，再读写，最后关闭。

1. 文件打开函数 fopen()

打开文件的功能在于建立系统与指定名字的文件之间的关联，请求系统为该文件分配文件缓冲区的内存单元。

文件打开后才能进行操作，文件打开通过调用 fopen()函数实现，使用 fopen()之前，需引入头文件 stdio.h，即 #include <stdio.h>。

调用 fopen 的格式如下：

```
FILE * fopen(const char * filename, const char * mode);
```

该函数需要两个形式参数，常量字符指针 filename 是被打开文件的名字，常量字符指针 mode 为访问文件的方式。函数将返回指定文件 filename 的文件指针。

例如：

```
FILE *fp;                        /* 定义一个指向文件的指针变量 fp */
fp = fopen("d:\\a1.txt", "r");    /* 用字符串常量存放文件名 */
```

或者：

```
char p[]="d:\\a1.txt";           /*用字符数组存放文件名 */
fp=fopen(p, "r");
```

执行 fopen()，计算机将完成如下步骤。

（1）在 d 根目录下找到文件 a1.txt。

（2）在内存中分配一个 16B 的单元，用于保存一个 FILE 类型结构信息。

（3）在内存中分配一个 512B 的文件缓冲区单元。

（4）返回 FILE 结构的地址给 fp。

文件打开方式包含的关键词如表 9-1 所示。

表 9-1   文件打开方式关键词

文本文件		二进制文件	
参数值	含义	参数值	含义
"r"	为只读打开文本文件	"rb"	为只读打开二进制文件
"w"	为只写打开文本文件	"wb"	为只写打开二进制文件
"a"	向文本文件尾追加数据	"ab"	向二进制文件尾追加数据
"r+"	为读写打开文本文件	"rb+"	为读写打开二进制文件
"w+"	为读写建立一个新的文本文件	"wb+"	为读写建立一个新的二进制文件
"a+"	为读写打开文本文件	"ab+"	为读写打开二进制文件

2. 文件打开方式（使用方式）的说明

（1）文件打开一定要检查 fopen()函数的返回值。因为有可能文件不能正常打开。不能正常打开时，fopen()函数返回 NULL。可以用下面的形式检查：

```
if((fp=fopen(...))==NULL){ printf("error open file\n"); exit(1); }
```

（2）"r" 方式：只能从文件读入数据而不能向文件写入数据。该方式要求欲打开的文件已经存在。

（3）"w" 方式：只能向文件写入数据而不能从文件读入数据。如果文件不存在，创建文件，如果文件存在，原来文件被删除，然后重新创建文件（覆盖原来文件）。

（4）"a" 方式：在文件末尾添加数据，而不删除原来文件。该方式要求打开的文件已经存在。

（5）程序开始运行时，系统自动打开 3 个标准文件：标准输入、标准输出、标准出错输出。一般这 3 个文件对应于终端（键盘、显示器）。这 3 个文件不需要手工打开，就可以使用。标准输入、标准输出、标准出错输出对应的文件指针分别是 stdin、stdout、stderr。

3. 文件的关闭（fclose 函数）

文件使用完毕后必须关闭，以避免数据丢失。函数原型如下：

```
int fclose(FILE * fp);
```

函数关闭文件指针 fp 所指向的文件被成功关闭时返回 0，否则返回符号常数 EOF（即为-1）。

关闭文件操作除了强制把缓冲区中的数据写入磁盘外，还将释放文件缓冲区和 FILE 结构体占用的内存空间。但磁盘文件和文件指针变量仍然存在，只是文件指针不再指向原来的文件。

为保证文件操作的可靠性，调用 fclose()时最好做一个判断。其形式如下：

```
if(fclose(fp)){ printf("Can not close file\n"); exit(1); }
```

9.1.4 格式化文件写函数 fprintf()

格式化文件读写函数 fprintf，fscanf 与函数 printf、scanf 的作用基本相同，区别在于 fprintf、fscanf 读写的对象是磁盘文件，printf、scanf 读写的对象是终端，并且文件操作函数名都是以 f 开头。本节只介绍函数 fprintf()的用法。

函数 fprintf()的原型如下：

```
int fprintf(FILE * fp,const char * format[,argument]…);
```

其中：fp 是文件指针，格式控制字符串 format 中有几个格式控制符，就应该有几个 argument 参数与之匹配。

【例 9.1】用 fprintf()向文本文件中写入整型、双精度、字符型、字符串等类型的数据。

```
#include <stdio.h>
int main(void)
{
  FILE *fp;
int i=10;
  double num=3.0;
  char c='\n';
  char s[]="a string";
  if((fp=fopen("abc.out","w"))==NULL)   /* 以写方式打开文本文件 abc.out */
  {
   printf("can't open file abc.out\n");
   exit(1);                            /*若文件打开操作发生错误，则调用函数 exit 退出*/
  }
/* 调用 fprintf 将各变量的值写入 fp 指向的文件*/
fprintf(fp, "%d %lf %c %s",i,num,c,s);
if(fclose(fp))
{   printf("Can not close file abc.out\n");
    exit(1);
}
return 0;
}
```

9.1.5 程序解析

【例 9.2】 将"Hello world!"字符串写入到 C 盘根目录下的文本文件 hello.txt 中。

分析：该案例目的是在磁盘上建立内容为"Hello world!"的文本文件，该问题的解决步骤如下。

（1）利用 fopen 函数打开文件。

（2）利用 fprintf 函数将字符串"Hello world!"写入文件。

（3）利用 fclose 函数关闭文件。

源程序：

```
#include <stdio.h>
#include <stdlib.h>
int main()
{
  FILE *fp;
  char filename[]="C:\\hello.txt";         /*将文件名存放在数组 filename 中*/
  if((fp=fopen(filename,"w"))==NULL)        /* 以写方式打开文本文件 hello.txt */
  {
   printf("can't open file %s\n",filename);
   exit(1);
  }
fprintf(fp, "%s","Hello world! ");          /*调用 fprintf 将字符串写入 fp 指向的文件*/
```

```
if(fclose(fp))
{    printf("Can not close file %s\n", filename);
     exit(1);
}
return 0;
}
```

当文件名前面带路径时，不能用"\"，而应该用"\\"。

练习 9-1　调用打开文件函数，建立文本文件 f1.txt，然后调用关闭文件函数，关闭文件。

练习 9-2　把字符串"Hello world!"作为 f1.txt 中的第一行，"Welcome to C language world!"作为 f1.txt 文件中的第二行内容。

9.2　从文件中读取学生的信息

9.2.1　案例描述

1. 提出问题

有 3 名学生的基本信息（包括、姓名、性别、年龄、学院及班级）存在文本文件 student.dat 中，为方便查看，需要将学生的基本信息显示在屏幕上。

2. 该案例程序运行结果

张三　男　20　计算机 2010 级 1 班

李四　男　21　信息管理 2010 级 1 班

王五　男　22　通信 2010 级 1 班

3. 涉及知识点

打开文件函数 fopen()，从文件中读取数据函数 fscanf()。

9.2.2　格式化文件读取函数 fscanf()

函数原型如下：

```
int fscanf(FILE * fp, const char * format[,argument]…);
```

函数按照规定的格式从 fp 指向的文件中读取多个数据存入变量 argument 中，函数返回值为读出的字节数。格式控制字符串 format 中有几个格式控制符，就要有几个 argument 变量与之对应。

【例 9.3】　使用 fscanf()将例 9.1 生成的 abc.out 文件中的数据读出来并显示。

```
#include <stdio.h>
int main(void)
{
    FILE *fp;
    int I;
    double num;
    char c;
    char s[80];
```

```
    if((fp=fopen("abc.out","r"))==NULL)          /* 以读方式打开文本文件 abc.out */
    {
        printf("can't open file abc.out\n");
        exit(1);
    }
    fseek(fp,0L,SEEK_SET);/*该函数将 fp 所指向文件的指针移动到文件开始位置*/
    fscanf(fp, "%d %lf %c %s",&i,&num,&c,s);  /*调用 fscanf 将数据存入变量中*/
    printf("%d %lf %c %s\n",i,num,c,s);
    fclose(fp);
    return 0;
}
```

温馨提示　　函数 fseek()的作用是将文件中指向数据的指针移到文件的开始位置，函数 fscanf()最好按照与例 9.1 中的 fprintf()相同的格式，控制字符串将数据读入到相应的变量中。

9.2.3　程序解析

【例 9.4】　首先将 3 名学生的基本信息（包括姓名、性别、年龄、学院及班级）写入文本文件 student.dat，然后将学生的基本信息显示在屏幕上。

分析：首先打开文本文件 student.dat，然后将学生信息写入文件并关闭文件，接下来打开文件，重复读取并显示数据，直到文件结束。

请按以上分析画出 NS 图。

源代码：

```
#include <stdio.h>
#include <stdlib.h>
int main(void)
{
    FILE *fp;
    int no,age;
    char name[10],sex[2],bj[30];
    if((fp=fopen("student.dat","w"))==NULL)  /* 以写方式打开文件 student.dat */
    {
        printf("can't open the file\n");
        exit(1);
    }
    /*调用 fprintf 将数据存入文件中*/
    fprintf(fp, "%d %s %s %d", 1, "张三", "男", 20, "计算机 2010 级 1 班");
    fprintf(fp, "%d %s %s %d", 2, "李四", "男", 21, "信息管理 2010 级 1 班");
    fprintf(fp, "%d %s %s %d", 3, "王五", "男", 22, "通信 2010 级 1 班");
    fclose(fp);
    if((fp=fopen("student.dat","r"))==NULL)
    {
        printf("can't open the file\n");
        exit(1);
    }
```

```
    printf("no name sex  age  class\n");
    printf("------------------------------\n");
    while(!feof(fp)) /*如果文件没有结束，则继续循环*/
    { /*调用 fscanf 将学生信息读到相应的变量中*/
    fscanf(fp, "%d %s %s %d ",&no,name,sex,&age,class);
    printf("%d %s %s %d", no,name,sex,age,class)
}
    printf("------------------------------\n");
    if(fclose(fp))
{
    printf("can't open the file\n");
    exit(1);
}
    return 0;
}
```

温馨提示

（1）以写方式打开文件 student.dat 后，调用 fprintf()时，其中的各格式控制符需要与几个数据项一一对应，接着关闭文件。

（2）重新以只读方式打开文件，使用循环语句重复如下操作：使用函数 fscanf()读出文件中的学生记录到相应变量中，在屏幕上显示各变量的值。

（3）用函数 feof()判断 fp 所指向文件中的指针是否指向文件的结束位置，以此作为循环是否结束的条件。函数 fscanf()的控制字符串与函数 fprintf()的一样，最后关闭文件。

练习 9-3　将例 9.4 中的学生信息定义在一个结构体中，然后向文本文件 student.dat 写入 10 名学生的基本信息。

练习 9-4　文本文件 student.dat 中存有 10 名学生的基本信息，请将其中的第 1、3、5、7、9 位学生的基本信息显示在屏幕上。

9.3　复制文件

9.3.1　案例描述

1. 提出问题

Windows 的资源管理器中经常用到复制文件的操作，如果让我们自己编写程序来实现此功能，应该如何完成呢？比如将文本文件 student.dat 复制产生一个新文件放在相同的文件夹下，取名为 student.txt。

2. 该案例程序运行结果

在 student.dat 所在的文件夹下，产生内容相同的新文件 student.txt。

3. 涉及知识点

字符方式文件读函数 fgetc()和字符方式文件写函数 fputc()。

9.3.2 字符方式的文件读写函数 fgetc()和 fputc()

1. 字符方式文件读函数 fgetc()

函数原型如下：

```
int fgetc(FILE * fp);
```

功能：该函数从 fp 所指向的文件中读取一个字符，文件位置指针自动指向下一个字符。如果读取成功，函数返回读到的字符，否则返回 EOF。

【例 9.5】 从文件 student.dat 中读取 50 个字符，显示在屏幕上。

分析：先打开 student.dat 文件，在读取字符没到文件尾的条件下，利用函数 fgetc()从文件中读取 50 个字符，将每次读取的一个字符存入一个字符数组中，最好将字符数组中的字符显示到屏幕上。

为提高分析问题的能力，请画出 NS 图。

源代码：

```
#include <stdio.h>
#include <stdlib.h>
int main(void)
{
    FILE *fp;
    int i,ch;
    char buffer[51];
    if((fp=fopen("student.dat","r"))==NULL)
    {
     printf("can't open file\n");
     exit(1);
    }
     ch = fgetc(fp);
     for(i=0;i<50;i++)
    {
     if(feof(fp)) break;      /*保证在文件内容范围内读取字符*/
     buffer[i]=(char)ch;
     ch=fgetc(fp);
    }
     buffer[i]= '\n';             /*在字符数组上添加字符串结束标志*/
     printf("%s\n", buffer);/*将字符数组显示出来*/
     fclose(fp);
     return 0;
}
```

2. 字符方式文件写函数 fputc()

函数原型如下：

```
int fputc(int c , FILE * fp);
```

功能：将字符 c 写到 fp 所指向的文件中。

返回：若执行成功，函数返回要写入的字符，否则返回 EOF。

【例 9.6】 使用字符方式文件写函数 fputc()，将字符串显示到显示器上。

分析：函数 fputc()是将字符写到文件中，现在将显示器看成文件，并且系统将其命名为 stdout，故使用 fputc 可行。

源代码:

```
#include <stdio.h>
int main(void)
{
    char str[]="This string is a test for fputc! ";
    char * p = str;
    while (*p != '\0')
      {
          ch = fputc( * p, stdout); /*将 p 所指向的字符写到显示器文件上*/
          p++;
          if (ch==EOF) break;
      }
    return 0;
}
```

9.3.3 字符串方式的文件读写函数 fgets()和 fputs()

1. 字符串方式文件读函数 fgets()

函数原型:

```
char *fgets(char *str,int n,FILE *fp)
```

功能: 从 fp 所指向的文件读 n 个字符放到指针 str 所指向的数组中。

返回: 输入成功则返回输入串的首地址; 遇到文件结束或出错, 则返回 NULL。

【例 9.7】 编制一个将文本文件中全部信息显示到屏幕的程序, 使用函数 fgets()。

源程序:

```
#include <stdio.h>
int main(void)
{
  FILE *fp;
  char line[81]; /* 最多保存 80 个字符, 外加一个字符串结束标志 */

  if((fp=fopen(student.dat,"r"))!=NULL)
  {
/* 如果未读到文件末尾(EOF),函数不会返回 NULL,继续循环 (执行循环体) */
/* 从文件一次读 80 个字符, 遇换行或 EOF, 提前带回字符串 */
    while(fgets(line,81,fp)!=NULL)
    printf("%s",string);
    fclose(fp);
  }
  return 0;
    }
```

2. 写一个字符串到文件函数 fputs()

格式: int fputs(const char * str,FILE *fp)

功能: 向 fp 所指向的文件写入以 str 为首地址的字符串。

返回: 输入成功返回读到的字符个数, 否则返回 EOF。

【例 9.8】 使用函数 fputs(), 将字符串写到显示器文件上。

```
#include <stdio.h>
void main()
{
```

```
    fputs("Hello world!\n",stdout);
    return 0;
}
```

9.3.4　程序解析

【例 9.9】　将文本文件 student.dat 复制产生一个新文件，取名为 student.txt。

数据块读写函数（一般用于二进制文件读写）。请先画出 NS 图，并根据此图试写出程序。

源程序：

```
#include <stdio.h>
#include <stdlib.h>
int main(void)
{
    FILE *fp1, *fp2;
    char ch;
    if((fp1=fopen("student.dat","r"))==NULL)
    {
     printf("can't open source file\n");
     exit(1);
    }
    if((fp2=fopen("student.txt","w"))==NULL)
     {
        printf("can't open target file\n");
        exit(EXIT_FAIlURE);
    }
     While(!feof(fp1))
     {
        ch = fgetc(fp1);
        if(c != EOF)
             fputc(c,fp2);
     }
        fclose (fp1); fclose (fp2);
        return 0;
}
```

温馨提示　　程序以只读方式打开源文件 student.dat，以只写方式打开目标文件 student.txt，利用循环语句，通过函数 fgetc() 不断从 fp1 所指向的文件中读出字符，并将其写入 fp2 所指向的文件。最后关闭两个文件。

9.3.5　其他文件操作相关函数

1.　函数 feof()

用于判断是否到文件末尾。其格式为：feof（fp）；

判断 fp 指针是否已经到文件末尾，即读文件时，判断是否读到文件结束的位置。返回值为 1（逻辑"真"），表示已经到了文件结束位置；返回 0，表示文件未结束。

2.　数据块读写函数 fread() 和 fwrite()

从文件（特别是二进制文件）读写一块数据（如一个数组元素、一个结构体变量的数据）使用数据块读写函数非常方便。

数据块读写函数的原型如下：

```
int fread(void *buffer,int size,int count,FILE *fp);
int fwrite(void *buffer,int size,int count,FILE *fp);
```

其中：

（1）buffer 是指针，在 fread()中用于存放读入数据的首地址；在 fwrite()中是要输出数据的首地址。

（2）size 是一个数据块的字节数（每块大小），count 是要读写的数据块块数。

（3）fp 文件指针。

（4）fread、fwrite 返回读取/写入的数据块块数。（正常情况=count）

（5）以数据块方式读写，文件通常以二进制方式打开。

例如：

```
float f[2];
FILE *fp=fopen("...","r");
fread(f,4,2,fp);  /* 或 fread(f,sizeof(float),2,fp); */
```

该代码段作用：从 fp 所指向的文件中读取每块 4 个字节共两块数据，存放到以 f 为首地址的数组中。

3. 文件定位函数

对文件的读写可以顺序读写，也可以随机读写。

文件顺序读写：从文件开头读写直到文件尾部。

文件随机读写（文件定位读写）：从文件的指定位置读写数据。

文件位置指针：在文件的读写过程中，文件位置指针指出了文件的当前读写位置，每次读写后，文件位置指针自动更新指向新的读写位置。注意区分：文件位置指针，文件指针。

如果有 C 程序文件 a.c，其内容如下：

```
main()
{
}
```

图 9-1 所示就说明了文件在内存中的存储、文件位置指针以及文件位置指针的前后移动方向。

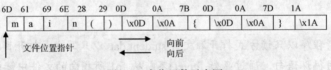

图 9-1　定位函数示意图

可以通过文件位置指针函数，实现文件的定位读写。文件位置指针函数如下。

（1）rewind 重返文件头函数

函数调用格式：rewind（fp）;

fp 是文件指针，指向所打开的文件。刚打开文件时，文件位置指针指向文件开头，但经过文件读写后，位置指针发生变化，如果又想回到文件的首地址进行重新读写，可使用该函数。

（2）fseek 位置指针移动函数

功能：移动文件读写位置指针，以便文件的随机读写。

格式：fseek(FILE *fp,long offset,int whence);

参数：

- fp：文件指针。
- whence：计算起始点（计算基准），符号常量如表 9-2 所示。

表 9-2　　　　　　　　　　　　　　表示起始位置的符号常量

符号常量	符号常量的值	含义
SEEK_SET	0	从文件开头计算
SEEK_CUR	1	从文件指针当前位置计算
SEEK_END	2	从文件末尾计算

- offset：偏移量（单位：字节），从计算起始点开始再偏移 offset，得到新的文件指针位置。offset 为正，向后偏移；offset 为负，向前偏移。

例如：

```
/* 向后移动 */
fseek(fp,100,0);/* 将位置指针移动到从文件开头计算，偏移量为100个字节的位置 */
fseek(fp,50,1);/* 将位置指针移动到从当前位置计算，偏移量为50个字节的位置 */
/* 向前移动 */
fseek(fp,-30,1);/* 将位置指针移动到从当前位置计算，偏移量为-30个字节的位置 */
fseek(fp,-10,2);/* 将位置指针移动到从文件末尾计算，偏移量为-10个字节的位置 */
```

（3）ftell 获取当前位置指针函数

功能：得到文件当前位置指针的位置，此位置是相对于文件开头的。

格式：long ftell(FILE *fp);

返回值：当前文件指针相对文件开头的位置。

4．出错的检测

在调用各种输入/输出函数时，如果出现错误，除了函数返回值有所反应外，还可以用 ferror 函数检查。

```
ferror(fp);
```

如果返回 0，表示没有错误；非 0，表示有错误。

　　　　　每次调用输入/输出函数，均产生一个新的 ferror 函数的值，即该值反映最后一次 I/O 操作的状态。

练习 9-5　有一个文本文件，第一次将其显示在屏幕上，第二次把它复制到另外一个文件中。

练习 9-6　编程读出文件 stu.dat 中第 3 个学生的数据。

9.4　综合应用

9.4.1　案例描述

1．提出问题

将大量学生的信息存放在文本文件中，但如果想方便、灵活的在文件中添加新学生的信息、查看学生信息，该如何实现呢？

2. 程序运行后第一个界面（即主菜单）

如图 9-2 所示。

```
         Student Information Management System
         ==========================================
         1 - Add a new student information.   2 - List all student information
         3 - Query last student information.   0 - End program.
         Enter your chioce:1_
```

图 9-2 学生基本信息管理主菜单

若用户输入 1 并按【Enter】键，将增加一个学生的基本信息；若输入 2 并按【Enter】键，则列出所有学生的信息；若输入 3 并按【Enter】键，表示查询最后一个学生的信息；若输入 0 并回车，则结束程序。

学生基本信息包括学号、姓名、性别、班级、家庭住址等信息。

程序将学生信息写入二进制文件 stuInfo.dat 中，该文件保存在程序所在目录中。

3. 涉及知识点

程序结构化设计，文件的打开、读写及关闭函数。

9.4.2 学生基本信息管理系统的分析和设计

根据该问题的描述，可以将系统分为如下几个功能模块：添加学生基本信息、列出所有学生信息、列出最后一个学生信息。需要将学生信息存放在结构体中，其数据成员包括：学号、姓名、性别、出生日期、班级、家庭住址等。以上操作最终都是对文件 student.dat 进行读写。系统结构如图 9-3 所示。

图 9-3 学生基本信息管理系统结构图

9.4.3 程序解析

```c
#include <stdio.h>
#include <stdlib.h>
typedef struct
{
    long no;
    char name[20];
    char sex[2];
    char bj[30];//班级
    char address[50];
}Student;

int InputChoice()
{
    int c;
    printf("     Student Information Management System\n");
```

```
        printf("        =====================================\n");
        printf("1 - Add a new student information.
                2 - List all student information\n");
        printf("3 - Query last student information.   0 - End program.\n");
        printf("Enter your chioce:");
        scanf("%d",&c);
        return c;
}
void ListAllStudent(FILE * fp)
{
    Student stu;
    fseek(fp,0L,SEEK_SET);
    fread(&stu, sizeof(Student), 1, fp);
    while(!feof(fp))
    {
        printf("%ld %s    %s    %s  %s\n",
stu.no,stu.name,stu.sex,stu.bj,stu.address);
        fread(&stu,sizeof(Student),1,fp);
    }
}
void ListLastStudent(FILE *fp)
{
    Student stu;
    if(!feof(fp))
    {
        fseek(fp,-sizeof(Student),SEEK_END);//从文件尾向前移动一个学生记录
        fread(&stu, sizeof(Student), 1,fp);
        printf("The last student is :\n");
        printf("%ld %s    %s    %s  %s\n",
stu.no,stu.name,stu.sex,stu.bj,stu.address);
    }
    else
        printf("no student in file!\n");
}
void AddStudent(FILE *fp)
{
    Student stu;
    printf("input no.: ");
    scanf("%ld",&stu.no);
    printf("input name: ");
    scanf("%s",&stu.name);
    printf("input sex: ");
    scanf("%s",&stu.sex);
    printf("input bj: ");
    scanf("%s",&stu.bj);
    printf("input family address: ");
    scanf("%s",&stu.address);
    rewind(fp);
    fwrite(&stu,sizeof(Student),1,fp);
}
void main()
{
    FILE * fp;
    int choice;
    if((fp=fopen("stuInfo.dat","ab+"))==NULL)
```

```
    {
        printf("Can not open file stuInfo.dat!\n");
        exit(1);
    }
    while((choice=InputChoice())!=0)
    {
        switch(choice)
        {
            case 1: AddStudent(fp); break;
            case 2: ListAllStudent(fp); break;
            case 3: ListLastStudent(fp); break;
            default: printf("Input error."); break;
        }
        printf("\n");
    }
}
```

9.5 小　　结

本章主要介绍了文件的基本概念以及在程序中如何操作文件。

文件类型是一个名为 FILE 的结构体类型。使用文件前要先打开文件（fopen()函数）。

需要定位文件位置时，使用文件位置指针重定位函数 rewind()、随机移动文件位置指针函数 fseek()、取文件位置指针函数 ftell()、检测当前文件位置指针是否指向文件结束位置的函数 feof()。

对文件进行读写时，对字符和字符串的读写可用 fgetc()、fputc()、fgets()、fputs()和格式化读写函数 fprintf()和 fscanf()；对二进制数据的读写可用 fread()和 fwrite()函数。

检测各种文件输入输出函数读写文件是否出错时，使用 ferror()函数。

使用后要关闭文件使用 fclose()函数。

习　　题

一、选择题

1. 函数 fgets(*s*, *n*, *f*)的功能是（　　）。

   A. 从文件 *f* 中读取长度为 *n* 的字符串存至指针 *s* 所指向的内存

   B. 从文件 *f* 中读取长度不长于 *n* − 1 的字符串存至指针 *s* 所指向的内存

   C. 从文件 *f* 中读取 *n* 个字符串存至指针 *s* 所指向的内存

   D. 从文件 *f* 中读取长度为 *n* − 1 的字符串存至指针 *s* 所指向的内存

2. 若 fp 是指向某文件的指针，且已读到文件末尾，则库函数 feof(fp)的返回值是（　　）。

   A. EOF　　　　　　B. −1　　　　　　C. 非零值　　　　　　D. NULL

二、填空题

1. 以下程序首先通过键盘输入一个文件名，然后将键盘输入的各个字符存入该文件中，用@号作为结束标志。请填空。

```
#include <stdio.h>
#include <stdlib.h>
```

```
main()
{    FILE * fp ; char ch , fname[10]
    printf("Enter the name of file \n"); gets(fname);
    if ((fp=_____)==NULL) {printf("Can not open file.\n"); exit(0); }
    printf("Enter characters : ");
    while( ch=getchar() != '@') fputc( _____ , fp);
    fclose(fp);
}
```

2. 以下程序具有统计字符个数的功能。请填空。

```
#include <stdio.h>
main()
{    FILE * fp ; long number = 0;
    fp = fopen("filename.dat",_____);
    while (_____)
    {_____ ;  number ++ ;}
    printf("number = % ld \n", number );
    fclose(fp);
}
```

三、编程设计题

1. 调用 fputs 函数将 5 个字符串输出到文件中，再从此文件中读入 10 个字符串存放到一个字符串数组中，然后把字符串数组中的字符串输出到屏幕上。

2. 从键盘输入 5 个浮点数，以二进制形式存入文件中，再从文件中读出数据显示到屏幕上。

第10章
综合案例

学习目标

- 掌握结构化的设计方法;
- 掌握 C 语言中用函数实现模块的思想和方法;
- 熟悉 C 语言中图形的绘制;
- 掌握结构体、文件的应用。

重点难点

- 重点: 用结构化的方法对实际问题进行分析和设计。
- 难点: 用算法描述模块的过程步骤。

10.1　案例内容及设计要求

10.1.1　综合案例目的

（1）复习巩固 C 语言的基础知识，进一步加深对 C 语言编程的理解和掌握。

（2）利用所学知识，理论和实际结合，利用资源，采用模块化的结构，使用模仿、修改、自主设计相结合的方法，锻炼学生综合分析解决实际问题的编程能力。

（3）培养学生在项目开发中团队合作精神、创新意识及实战能力。

10.1.2　综合案例的内容

根据学生的实际情况，进行分组选题，可作为课程设计的题目。设计方式采用学生自主设计和指导老师辅导相结合的方式。主要的题目如下（也可自主选题）:

贪吃蛇游戏；通讯录管理系统；图书管理系统；学生信息管理系统；学生成绩管理系统；职工工资管理系统；简单的计算器等。

本章主要介绍贪吃蛇游戏和通讯录管理系统的设计和编码。

10.1.3　设计要求

在设计过程中，要满足以下要求:

模块化的程序设计；锯齿形（缩进）的程序书写格式，足够的注释；通过编译连接运行。

10.1.4　设计报告

设计报告除了封面外，还应包括以下内容。

（1）设计目的和任务。

（2）总体设计：包括程序设计组成框图、流程图。

（3）详细设计：包括模块功能说明（函数功能、入口及出口参数说明），函数调用关系描述。

（4）调试与测试：包括调试方法，测试结果分析与讨论，测试过程中遇到的主要问题及采取的解决措施。

（5）源程序清单和执行结果：清单中应有足够的注释。

10.2　案例一：贪吃蛇游戏

10.2.1　设计要求

（1）通过游戏程序设计，提高编程兴趣与编程思路，巩固 C 语言中所学的知识，合理的运用资料，实现理论与实际相结合。

（2）收集资料，分析课题，分解问题，形成总体设计思路。

（3）对于设计中用到的关键函数，要学会通过查资料，弄懂其用法，要联系问题进行具体介绍。

（4）上机调试，查错，逐步分析不能正常运行的原因，确保所设计的程序正确，并且能正常运行。

（5）完成课程设计报告。

10.2.2　总体设计

1．程序功能

贪吃蛇游戏是一个经典小游戏，一条蛇在封闭围墙里，围墙里随机出现一个食物，通过按键盘 4 个光标键控制蛇向上下左右 4 个方向移动，蛇头撞倒食物，则食物被吃掉，蛇身体长一节，同时记 10 分，接着又出现食物，等待蛇来吃，如果蛇在移动中撞到墙或身体交叉蛇头撞倒自己身体游戏结束。

2．设计思想

程序关键在于表示蛇的图形及蛇的移动。用一个小矩形块表示蛇的一节身体，身体每长一节，增加一个矩形块，蛇头用俩节表示。移动时必须从蛇头开始，所以蛇不能向相反的方向移动，如果不按任意键，蛇自行在当前方向上前移，但按下有效方向键后，蛇头朝着该方向移动，一步移动一节身体，所以按下有效方向键后，先确定蛇头的位置，然后蛇的身体随蛇头移动，图形的实现是从蛇头新位置开始画出蛇，这时，由于未清屏的原因，原来的蛇的位置和新蛇的位置差一个单位，所以看起来蛇多一节身体，故应将蛇的最后一节用背景色覆盖。食物的出现与消失也是画矩形块和覆盖矩形块。为了便于理解，定义两个结构体：食物与蛇。

3．流程图

贪吃蛇游戏的流程如图 10-1 所示。

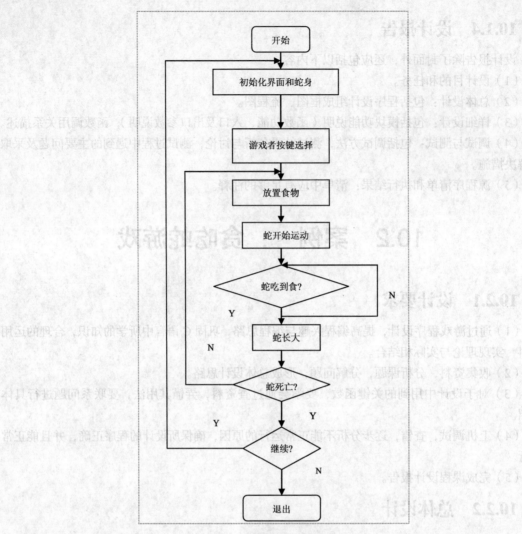

图 10-1 贪吃蛇游戏的流程

10.2.3 设计的具体实现

1. 函数定义

函数定义是对各个基础函数的定义，并且设置需要运用的信息，便于调用。

```
#define N 200
#define M 200
#include"graphics.h"
#include<stdlib.h>
#include<stdio.h>
#include<string.h>
#include<iostream.h>
#include<dos.h>
#include<conio.h>
#include <windows.h>
#define LEFT 97//A
#define RIGHT 100//D
```

```
#define DOWN 115//S
#define UP 119//W
#define Esc 0x011b
int i,key;
int score=0;
int gamespeed=250;//游戏速度可根据实际情况自行调整
struct Food
{
    int x;//食物的横坐标
    int y;//食物的纵坐标
    int yes;//判断是否要出现食物的变量
}food;//食物的结构体
struct Snake
{
    int x[M];
    int y[M];
    int node;//蛇的节数
    int direction;//蛇的移动方向
    int life;//蛇的生命，0 表示活着，1 表示死亡
}snake;
void Init();//图形驱动
void Close();//图形结束
void DrawK();//开始画面
void GamePlay();//玩游戏的具体过程
void GameOver();//游戏结束
void PrScore();//输出成绩
```

2. 主函数 main( )

主函数是程序的主流程，首先定义使用到的常数、全局变量及函数原型说明，然后初始化图形系统，调用函数 DrawK()画出开始画面，调用函数 GamePlay()，即玩游戏的具体过程，游戏结束后调用 Close()关闭图形系统，结束程序。

```
void main()//主函数
{
Init();//图形驱动
DrawK();//开始画面
GamePlay();//玩游戏的具体过程
Close();//图形结束
}
void Init()//图形驱动
{
int gd=DETECT,gm;
initgraph(&gd,&gm," ");/*此处为 turboc 的路径，读者可以根据自己的电脑而改*/
cleardevice();
}
```

3. 画界面函数 DrawK( )

主界面是一个封闭的围墙，用两个循环语句分别在水平和垂直方向输出连续的宽度和高度均的矩形方块，表示围墙，为了醒目，设置为白色。

```
void DrawK()//开始画面，左上角坐标为（50，40），右下角坐标为（610，460）的围墙
{
    setbkcolor(GREEN);
    setcolor(LIGHTRED);
    setlinestyle(0,0,5);//设置线型
    for(i=50;i<=600;i+=10)//画围墙
    {
        rectangle(i,40,i+10,49);//上边
        rectangle(i,451,i+10,460);//下边
    }
    for(i=40;i<=450;i+=10)
    {
        rectangle(50,i,59,i+10);//左边
        rectangle(601,i,610,i+10);//右边
    }
}
```

4. 游戏具体过程函数 GamePlay()

这是游戏的主要组成部分，将前一节的坐标赋给后一节，用背景颜色将最后节去除，当蛇头的坐标与食物的坐标相等时，表示食物被吃掉了。

```
void GamePlay()//玩游戏的具体过程
{
    rand();//随机数发生器
    food.yes=1;//1 表示需要出现新食物，0 表示已经存在食物
    snake.life=0;//蛇活着
    snake.direction=1;//方向往右
    snake.x[0]=100;snake.y[0]=100;//舌头坐标
    snake.x[1]=110;snake.y[1]=100 ;
    snake.node=2;//蛇的节数
    PrScore();//输出分数
    while(1)//可重复玩游戏，按 Esc 键结束
    {
        while(!kbhit())//在没有按键的情况下，蛇自己移动身体
        {
            if(food.yes==1)//需要出现新食物
            {
                food.x=rand()%400+60;
                food.y=rand()%350+60;
                while(food.x%10!=0)//食物随即出现后必须让食物能够在整格内，这样才能让
蛇吃到
                    food.x++;
                while(food.y%10!=0)
                    food.y++;
                food.yes=0;//画面上有食物了
            }
            if(food.yes==0)//画面上有食物就要显示
            {
                setcolor(GREEN);
                rectangle(food.x,food.y,food.x+10,food.y-10);
```

```
        }
        for(i=snake.node-1;i>0;i--)//蛇的每个环节往前移动，也就是贪吃蛇的关键算法
        {
            snake.x[i]=snake.x[i-1];
            snake.y[i]=snake.y[i-1];
        }
        switch(snake.direction)//1,2,3,4表示上、下、左、右4个方向，通过这个判断
来移动蛇头
        {
            case 1:
                snake.x[0]+=10;break;
            case 2:
                snake.x[0]-=10;break;
            case 3:
                snake.y[0]-=10;break;
            case 4:
                snake.y[0]+=10;break;
        }
        for(i=3;i<snake.node;i++)//从蛇的第4节开始判断是否撞到自己了，因为蛇头为
两节，第3节不可能拐过来
        {
            if(snake.x[i]==snake.x[0]&&snake.y[i]==snake.y[0])
            {
                GameOver();//显示失败
                snake.life=1;
                break;
            }
        }
        if(snake.x[0]<55||snake.x[0]>595||snake.y[0]<55||snake.y[0]>455)
        //蛇是否撞到墙壁
        {
            GameOver();//本次游戏结束
            snake.life=1;//蛇死
        }
        if(snake.life==1)//以上两种判断以后，如果蛇死就跳出内循环，重新开始
            break;
        if(snake.x[0]==food.x&&snake.y[0]==food.y)//吃到食物以后
        {
            setcolor(0);//把画面上的食物去掉
            rectangle(food.x,food.y,food.x+10,food.y-10);
            snake.x[snake.node]=-20;
            snake.y[snake.node]=-20;//新一节先放在看不见的位置，下次循环就取前一
节的位置
            snake.node++;//蛇的身体长一节
            food.yes=1;
            score+=10;
            PrScore();//输出新的得分
        }
        setcolor(WHITE);//画出蛇
        for(i=0;i<snake.node;i++)
```

```
                    rectangle(snake.x[i],snake.y[i],snake.x[i]+10,snake.y[i]-10);
                Sleep(gamespeed);
                setcolor(0);//用黑色去除蛇的最后一节
                rectangle(snake.x[snake.node-1],snake.y[snake.node-1],snake.
x[snake.node-1]+10,snake.y[snake.node-1]-10);
            }
        if(snake.life==1)//如果蛇死就跳出循环
            break;
        key=getchar();//接受案件
        if(key==Esc)//按Esc键退出
            break;
        else if(key==UP&&snake.direction!=4)
            snake.direction=3;
        else if(key==RIGHT&&snake.direction!=2)
            snake.direction=1;
        else if(key==LEFT&&snake.direction!=1)
            snake.direction=2;
        else if(key==DOWN&&snake.direction!=3)
            snake.direction=4;
    }//endwhile(1)
}
```

5. 游戏结束函数 GameOver()

游戏结束，清除屏幕，输出分数，显示游戏结束信息。

```
void GameOver()//游戏结束
{
    cleardevice();
    PrScore();
    setcolor(RED);
    outtextxy(100,100,"我会回来的!!!!!");
    getch();
}
void PrScore()//输出成绩
{
    char str[10];
    setfillstyle(SOLID_FILL,YELLOW);
    bar(50,15,220,35);
    setcolor(6);
    sprintf(str,"score:%d",score);
    outtextxy(55,20,str);
}
void Close()//图形结束
{   getch();closegraph();   }
```

10.2.4　调试及解决方法

可以按照程序运行的错误提示对原程序进行修改，在调试过程中有时也会遇到不懂的问题，可以去图书馆或上网查阅一些资料或者是向老师请教，对源程序一一修改直到运行成功。

10.2.5　运行结果

程序运行后的初始界面如图 10-2 所示。

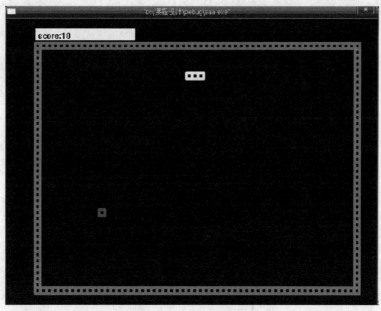

图 10-2　游戏运行初始界面

10.3　案例二：通讯录管理系统

10.3.1　课题任务

通讯录管理系统，可实现的具体功能如下：

（1）对通讯录信息有添加、查找、显示、保存、删除等操作功能；

（2）可以将输入的数据保存在文本文件中，并可以将其调出使用。

10.3.2　设计要求

建立通讯录信息，信息至少包含姓名、单位、电话等。

（1）该系统提供添加、删除、排序、查找等功能，如可以按姓名查找。

（2）将通讯录保存在文件中。

（3）能够输出通讯录中的信息。

10.3.3　总体设计

1．功能模块

增加记录：添加通讯录记录。

删除记录：删除通讯录记录。

查找记录：查询通讯录记录。

输出记录：显示通讯录记录。

保存记录：将信息保存（写入）到文件中。

读文件：将文件中的通信录读出，存到结构体数组中。

总体结构图如图 10-3 所示。

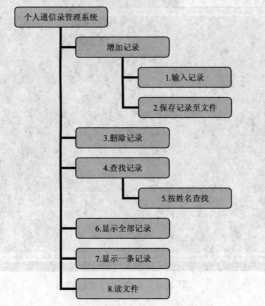

图 10-3　通信录管理系统总体结构

2. 数据设计

程序的 6 个功能模块，分别执行不同的功能，体现了模块化设计的思想。6 个模块都是利用 C 语言文件操作，向文件中追加通信录记录、修改通信录记录、查询通信录记录和删除通信录记录，因此需要设计出"通信录记录"这一数据结构，用来存放通信录数据。

定义结构体，表示通信录记录。

```
typedef struct /*定义数据结构*/
{
    char name[20];    /*姓名*/
    char units[30];   /*单位*/
    char tele[10];    /*电话*/
}ADDRESS;
```

自己可以再添加住址、分类（如同事、朋友、同学、家人等）、E-mail、QQ 等信息。

10.3.4　详细设计

对总体结构中的各模块进行详细设计，为各模块定义函数原型。以下设计了 8 个函数，分别对应图 10-3 中的各模块。对于省略的函数和算法步骤，可以自己补充完整，并可以画出 NS 描述算法步骤。

1. 输入记录

函数：int　enter(ADDRESS t[])

功能：输入记录至形参的结构体数组中，函数值返回类型为整型，表示输入的记录个数。

步骤：

（1）输入记录个数，存于 n。

（2）当循环变量 i < n 时，重复输入一个通信录记录，即将 3 个字符串存至 t[i].name、t[i].units、 t[i].tele，这 3 个成员为通信录结构体的成员。

（3）最后返回输入的通信录记录个数。

2. 保存记录

函数：int　save(ADDRESS t[],int n);

功能：将参数的结构体数组中的 n 条记录保存至文件。

步骤：

（1）打开文件。

（2）将记录条数 n 写入文件。

（3）当 i<n 时，循环，将第 i 条记录的 t[i].name,t[i].units,t[i].tele（姓名、单位、电话）写入文件。

（4）关闭文件。

3. 删除记录

函数：int delete(ADDRESS t[],int n)，参数为记录数组和记录条数。

功能：按姓名删除记录，从记录数组中删除一条，返回记录数 n-1。

步骤：

（1）输入待删记录的姓名，存于变量 s。

（2）调用 find(t,n,s)，按姓名找到该姓名对应的记录的序号，存于变量 i。

（3）从记录结构体数组 t 中删除第 i 条记录，并把第 i 条的后续记录前移一条。

（4）记录数 n--。

（5）返回记录数 n。

4. 查找记录

函数：void search(ADDRESS t[],int n)

功能：从结构体数组 t 中，调用 5 中的函数 find，按姓名查找。

5. 按姓名查找

函数：int find(ADDRESS t[],int n,char *s)，参数为记录数组和记录条数以及姓名 s。

功能：按姓名查找，从长度为 n 的数组 t 中查找姓名为 s 的记录，并返回该记录的位置。

步骤：

（1）定义变量 i，用以存放找到的记录的位置。

（2）i 从 0 到 n-1，循环比较 s 和 t[i].name。

（3）返回记录的下标号 i。

6. 显示全部记录

函数：void list(ADDRESS t[],int n);

功能：通过循环依次输出文件中的数据，即显示所有通讯录里的记录。

步骤：略。

7. 显示一条记录

函数：void print(ADDRESS temp)

功能：显示结构体变量 temp 的姓名、单位、电话。

步骤：略。

8. 读文件

功能：读入文件函数，将文件中的记录读到参数中的结构体数组中。

函数：int load(ADDRESS t[])，返回读入的记录数。

步骤：

（1）打开文件。

（2）将文件中的记录条数读入到变量 n。

（3）当 i<n 时，循环，将文件中第 i 条记录读入到结构体数组的第 i 个元素中，即 t[i].name,t[i].units,t[i].tele（姓名、单位、电话）中。

（4）关闭文件。

（5）返回记录数 n。

10.3.5　代码及注释

```c
#include "stdio.h"      /*I/O 函数*/
#include "stdlib.h"     /*标准库函数*/
#include "string.h"     /*字符串函数*/
#include "ctype.h"      /*字符操作函数*/
#define M 50            /*定义常数表示记录数*/
typedef struct          /*定义数据结构*/
{
   char name[20];       /*姓名*/
   char units[30];      /*单位*/
   char tele[10];       /*电话*/
}ADDRESS;
/******以下是函数原型*******/
int enter(ADDRESS t[]); /*输入记录*/
void list(ADDRESS t[],int n); /*显示记录*/
void search(ADDRESS t[],int n); /*按姓名查找显示记录*/
int delete(ADDRESS t[],int n); /*删除记录*/
int  add(ADDRESS t[],int n); /*插入记录*/
void save(ADDRESS t[],int n); /*记录保存为文件*/
int load(ADDRESS t[]);   /*从文件中读记录*/
void display(ADDRESS t[]); /*按序号查找显示记录*/
void sort(ADDRESS t[],int n); /*按姓名排序*/
void qseek(ADDRESS t[],int n); /*快速查找记录*/
void copy();  /*文件复制*/
void print(ADDRESS temp); /*显示单条记录*/
int find(ADDRESS t[],int n,char *s) ; /*查找函数*/
int menu_select(); /*主菜单函数*/
/******主函数开始*******/
main()
{
   int i;
   ADDRESS adr[M];  /*定义结构体数组*/
   int length;  /*保存记录长度*/
   clrscr(); /*清屏*/
   for(;;)/*无限循环*/
```

```
    {
        switch(menu_select())    /*调用主菜单函数, 返回值整数作开关语句的条件*/
        {
            case 0:length=enter(adr);break;/*输入记录*/
            case 1:list(adr,length);break;  /*显示全部记录*/
            case 2:search(adr,length);break;  /*查找记录*/
            case 3:length=delete(adr,length);break;  /*删除记录*/
            case 4:length=add(adr,length);  break;    /*插入记录*/
            case 5:save(adr,length);break;  /*保存文件*/
            case 6:length=load(adr);  break;  /*读文件*/
            case 7:display(adr);break;   /*按序号显示记录*/
            case 8:sort(adr,length);break;  /*按姓名排序*/
            case 9:qseek(adr,length);break;  /*快速查找记录*/
            case 10:copy();break;  /*复制文件*/
            case 11:exit(0);  /*如返回值为 11 则程序结束*/
        }
    }
}
/*菜单函数, 函数返回值为整数, 代表所选的菜单项*/
menu_select()
{
    char s[80];
    int c;
    gotoxy(1,25);/*将光标定为在第 25 行, 第 1 列*/
    printf("press any key enter menu......\n");/*提示按任意键继续*/
    getch();  /*读入任意字符*/
    clrscr();  /*清屏*/
    gotoxy(1,1);
    printf("*********************MENU*********************\n\n");
    printf("        0. Enter record\n");
    printf("        1. List the file\n");
    printf("        2. Search record on name\n");
    printf("        3. Delete a record\n");
    printf("        4. add record \n");
    printf("        5. Save the file\n");
    printf("        6. Load the file\n");
    printf("        7. display record on order\n");
    printf("        8. sort to make new file\n");
    printf("        9. Quick seek record\n");
    printf("        10. copy the file to new file\n");
    printf("        11. Quit\n");
    printf("*********************************************\n");
    do{
        printf("\n  Enter you choice(0~11):");  /*提示输入选项*/
        scanf("%s",s);  /*输入选择项*/
        c=atoi(s);  /*将输入的字符串转化为整型数*/
    }while(c<0||c>11);  /*选择项不在 0~11 之间重输*/
    return c;  /*返回选择项, 主程序根据该数调用相应的函数*/
}
```

```
/***输入记录，形参为结构体数组，函数值返回类型为整型表示记录长度*/
int  enter(ADDRESS t[])
{
   int i,n;
   char *s;
   clrscr(); /*清屏*/
   printf("\nplease input num \n"); /*提示信息*/
   scanf("%d",&n); /*输入记录数*/
   printf("please input record \n"); /*提示输入记录*/
   printf("name             unit                telephone\n");
   printf("----------------------------------------------\n");
   for(i=0;i<n;i++)
   {
      scanf("%s%s%s",t[i].name,t[i].units,t[i].tele);  /*输入记录*/
      printf("----------------------------------------------\n");
   }
   return n;  /*返回记录条数*/
}
/*显示记录，参数为记录数组和记录条数*/
void list(ADDRESS t[],int n)
{
   int i;
   clrscr();
   printf("\n\n*******************ADDRESS*****************\n");
   printf("name             unit                telephone\n");
   printf("----------------------------------------------\n");
   for(i=0;i<n;i++)
   printf("%-20s%-30s%-10s\n",t[i].name,t[i].units,t[i].tele);
   if((i+1)%10==0)    /*判断输出是否达到 10 条记录*/
   {
      printf("Press any key continue...\n"); /*提示信息*/
      getch();  /*压任意键继续*/
   }
   printf("************************end*****************\n");
}
/*查找记录*/
void search(ADDRESS t[],int n)
{
   char s[20];   /*保存待查找姓名字符串*/
   int i;    /*保存查找到结点的序号*/
   clrscr();   /*清屏*/
   printf("please search name\n");
   scanf("%s",s); /*输入待查找姓名*/
   i=find(t,n,s); /*调用 find 函数，得到一个整数*/
   if(i>n-1)  /*如果整数 i 值大于 n-1，说明没找到*/
      printf("not found\n");
   else
      print(t[i]);  /*找到，调用显示函数显示记录*/
}
/*显示指定的一条记录*/
```

```
void print(ADDRESS temp)
{
   clrscr();
   printf("\n\n***********************************************\n");
   printf("name                unit                    telephone\n");
   printf("------------------------------------------------\n");
   printf("%-20s%-30s%-10s\n",temp.name,temp.units,temp.tele);
   printf("********************end********************\n");
}
/*查找函数，参数为记录数组和记录条数以及姓名 s */
int find(ADDRESS t[],int n,char *s)
{
   int i;
   for(i=0;i<n;i++)/*从第一条记录开始，直到最后一条*/
   {
      if(strcmp(s,t[i].name)==0)   /*记录中的姓名和待比较的姓名是否相等*/
      return i;   /*相等，则返回该记录的下标号，程序提前结束*/
   }
   return i;  /*返回 i 值*/
}
/*删除函数，参数为记录数组和记录条数*/
int delete(ADDRESS t[],int n)
{
   char s[20];  /*要删除记录的姓名*/
   int ch=0;
   int i,j;
   printf("please deleted name\n");  /*提示信息*/
   scanf("%s",s);/*输入姓名*/
   i=find(t,n,s);  /*调用 find 函数*/
   if(i>n-1)   /*如果 i>n-1 超过了数组的长度*/
      printf("no found not deleted\n");  /*显示没找到要删除的记录*/
   else
   {
      print(t[i]);  /*调用输出函数显示该条记录信息*/
      printf("Are you sure delete it(1/0)\n");  /*确认是否要删除*/
      scanf("%d",&ch);  /*输入一个整数 0 或 1*/
      if(ch==1)   /*如果确认删除整数为 1*/
      {
         for(j=i+1;j<n;j++)   /*删除该记录，实际后续记录前移*/
         {
            strcpy(t[j-1].name,t[j].name);    /*将后一条记录的姓名拷贝到前一条*/
            strcpy(t[j-1].units,t[j].units); /*将后一条记录的单位拷贝到前一条*/
            strcpy(t[j-1].tele,t[j].tele);    /*将后一条记录的电话拷贝到前一条*/
         }
         n--;  /*记录数减 1*/
      }
   }
   return n;  /*返回记录数*/
}
```

```
/*插入记录函数，参数为结构体数组和记录数*/
int add(ADDRESS t[],int n)/*插入函数，参数为结构体数组和记录数*/
{
    ADDRESS temp;  /*新插入记录信息*/
    int i,j;
    char s[20];  /*确定插入在哪个记录之前*/
    printf("please input record\n");
    printf("*********************************************\n");
    printf("name              unit              telephone\n");
    printf("--------------------------------------------------\n");
    scanf("%s%s%s",temp.name,temp.units,temp.tele);  /*输入插入信息*/
    printf("--------------------------------------------------\n");
    printf("please input locate name \n");
    scanf("%s",s);  /*输入插入位置的姓名*/
    i=find(t,n,s);  /*调用 find，确定插入位置*/
    for(j=n-1;j>=i;j--)   /*从最后一个结点开始向后移动一条*/
    {
        strcpy(t[j+1].name,t[j].name);  /*当前记录的姓名拷贝到后一条*/
        strcpy(t[j+1].units,t[j].units);  /*当前记录的单位拷贝到后一条*/
        strcpy(t[j+1].tele,t[j].tele);  /*当前记录的电话拷贝到后一条*/
    }
    strcpy(t[i].name,temp.name);  /*将新插入记录的姓名拷贝到第 i 个位置*/
    strcpy(t[i].units,temp.units);  /*将新插入记录的单位拷贝到第 i 个位置*/
    strcpy(t[i].tele,temp.tele);  /*将新插入记录的电话拷贝到第 i 个位置*/
    n++;   /*记录数加 1*/
    return n;  /*返回记录数*/
}
/*保存函数，参数为结构体数组和记录数*/
void save(ADDRESS t[],int n)
{
    int i;
    FILE *fp;  /*指向文件的指针*/
    if((fp=fopen("record.txt","wb"))==NULL)  /*打开文件，并判断打开是否正常*/
    {
        printf("can not open file\n");/*没打开*/
        exit(1);  /*退出*/
    }
    printf("\nSaving file\n");  /*输出提示信息*/
    fprintf(fp,"%d",n);  /*将记录数写入文件*/
    fprintf(fp,"\r\n");  /*将换行符号写入文件*/
    for(i=0;i<n;i++)
    {
        fprintf(fp,"%-20s%-30s%-10s",t[i].name,t[i].units,t[i].tele);/*格式写入记录*/
        fprintf(fp,"\r\n");  /*将换行符号写入文件*/
    }
    fclose(fp);/*关闭文件*/
    printf("****save success***\n");  /*显示保存成功*/
```

```
}
/*读入函数，参数为结构体数组*/
int load(ADDRESS t[])
{
    int i,n;
    FILE *fp; /*指向文件的指针*/
    if((fp=fopen("record.txt","rb"))==NULL)/*打开文件*/
    {
        printf("can not open file\n");  /*不能打开*/
        exit(1);  /*退出*/
    }
    fscanf(fp,"%d",&n); /*读入记录数*/
    for(i=0;i<n;i++)
        fscanf(fp,"%20s%30s%10s",t[i].name,t[i].units,t[i].tele); /*按格式读入记录*/
    fclose(fp);  /*关闭文件*/
    printf("You have success read data from file!!!\n"); /*显示保存成功*/
    return n; /*返回记录数*/
}
/*按序号显示记录函数*/
void display(ADDRESS t[])
{
    int id,n;
    FILE *fp; /*指向文件的指针*/
    if((fp=fopen("record.txt","rb"))==NULL) /*打开文件*/
    {
        printf("can not open file\n"); /*不能打开文件*/
        exit(1);  /*退出*/
    }
    printf("Enter order number...\n"); /*显示信息*/
    scanf("%d",&id);  /*输入序号*/
    fscanf(fp,"%d",&n); /*从文件读入记录数*/
    if(id>=0&&id<n) /*判断序号是否在记录范围内*/
    {
        fseek(fp,(id-1)*sizeof(ADDRESS),1); /*移动文件指针到该记录位置*/
        print(t[id]); /*调用输出函数显示该记录*/
        printf("\r\n");
    }
    else
        printf("no %d number record!!!\n ",id); /*如果序号不合理显示信息*/
    fclose(fp);  /*关闭文件*/
}
/*排序函数，参数为结构体数组和记录数*/
void sort(ADDRESS t[],int n)
{
    int i,j,flag;
    ADDRESS temp; /*临时变量做交换数据用*/
    for(i=0;i<n;i++)
    {
        flag=0;  /*设标志判断是否发生过交换*/
```

```
            for(j=0;j<n-1;j++)
            if((strcmp(t[j].name,t[j+1].name))>0)  /*比较大小*/
            {
                  flag=1;
                  strcpy(temp.name,t[j].name);   /*交换记录*/
                  strcpy(temp.units,t[j].units);
                  strcpy(temp.tele,t[j].tele);
                  strcpy(t[j].name,t[j+1].name);
                  strcpy(t[j].units,t[j+1].units);
                  strcpy(t[j].tele,t[j+1].tele);
                  strcpy(t[j+1].name,temp.name);
                  strcpy(t[j+1].units,temp.units);
                  strcpy(t[j+1].tele,temp.tele);
            }
            if(flag==0)break;   /*如果标志为 0，说明没有发生过交换循环结束*/
      }
      printf("sort sucess!!!\n");  /*显示排序成功*/
}
/*快速查找，参数为结构体数组和记录数*/
void qseek(ADDRESS t[],int n)
{
   char s[20];
   int l,r,m;
   printf("\nPlease  sort before qseek!\n");  /*提示确认在查找之前，记录是否已排序*/
   printf("please enter  name for qseek\n");  /*提示输入*/
   scanf("%s",s);  /*输入待查找的姓名*/
   l=0;r=n-1;  /*设置左边界与右边界的初值*/
   while(l<=r)  /*当左边界<=右边界时*/
   {
      m=(l+r)/2;  /*计算中间位置*/
      if(strcmp(t[m].name,s)==0)  /*与中间结点姓名字段做比较判是否相等*/
      {
            print(t[m]);  /*如果相等，则调用 print 函数显示记录信息*/
            return ;  /*返回*/
      }
      if(strcmp(t[m].name,s)<0)   /*如果中间结点小*/
            l=m+1;  /*修改左边界*/
      else
            r = m-1; /*否则，中间结点大，修改右边界*/
   }
   if(l>r)    /*如果左边界大于右边界时*/
      printf("not found\n"); /*显示没找到*/
}
/*复制文件*/
void copy()
{
   char outfile[20]; /*目标文件名*/
   int i,n;
   ADDRESS temp[M];  /*定义临时变量*/
```

```
FILE *sfp,*tfp; /*定义指向文件的指针*/
clrscr();/*清屏*/
if((sfp=fopen("record.txt","rb"))==NULL) /*打开记录文件*/
{
  printf("can not open file\n"); /*显示不能打开文件信息*/
  exit(1); /*退出*/
}
printf("Enter outfile name,for example c:\\f1\\te.txt:\n"); /*提示信息*/
scanf("%s",outfile); /*输入目标文件名*/
if((tfp=fopen(outfile,"wb"))==NULL) /*打开目标文件*/
{
  printf("can not open file\n"); /*显示不能打开文件信息*/
  exit(1); /*退出*/
}
fscanf(sfp,"%d",&n); /*读出文件记录数*/
fprintf(tfp,"%d",n);/*写入目标文件数*/
fprintf(tfp,"\r\n"); /*写入换行符*/
for(i=0;i<n;i++)
{
  fscanf(sfp,"%20s%30s%10s\n",temp[i].name,temp[i].units,
   temp[i].tele); /*读入记录*/
  fprintf(tfp,"%-20s%-30s%-10s\n",temp[i].name,temp[i].units,temp[i].tele);
/*写入记录*/
  fprintf(tfp,"\r\n"); /*写入换行符*/
}
fclose(sfp); /*关闭源文件*/
fclose(tfp); /*关闭目标文件*/
printf("you have success copy file!!!\n"); /*显示复制成功*/
}
```

10.4 小　　结

本章介绍了两个综合案例，贪吃蛇游戏案例重点在于图形的绘制，通讯录管理系统重点在于结构体及文件的操作。通过两个综合案例，帮助读者掌握结构化和模块化的设计方法，即对问题进行总体设计，设计出多个模块和数据结构，接下来对各模块进行详细设计，设计出函数原型、说明其功能、描述其算法步骤，接下来小组分工合作，分别完成各函数的代码编写和调试，最后再将各模块集成到一块进行调试。

习　　题

学生分组后，小组可以从以下题目中选择一个题目，进行分工合作，共同完成。

1. 英语学习助手

（1）主要的数据表：英语分级单词表，常用单词例句表，短文分级表等。

（2）主要功能模块：实现英语单词的录入、修改、删除等基本操作；实现常用英语单词例句的录入、修改、删除等基本操作；实现英语单词检索、翻译等；常用英语单词例句检索；根据难度随机生成一份单词测试题目。

2．机票预订系统

为方便旅客，某航空公司拟开发一个机票预订系统。旅行社把预订机票的旅客信息（姓名、工作单位、身份证号码、旅行时间、旅行目的地等）输入该系统，系统为旅客安排航班，打印出取票通知和账单。旅客在飞机起飞的前一天凭取票通知和账单到旅行社交款取票，系统校对无误即出机票给旅客。

3．网上选课系统

主要功能描述：系统首先维护校内所有课程的信息；课程分为研究生、本科生；也可以分为必修、选修、辅修。用户以学号和密码登录，系统显示用户已选的课程、用户有权选未选的其他课程，并显示具体信息（如学分）。用户选择后，系统根据规则检查用户是否进行正确的选课（如时间冲突、跨专业选课等）；如果错误，提示用户重选，否则保存选课结果。

附录 1
ASCII 表

ASCII 值	控制字符	ASCII 值	控制字符	ASCII 值	控制字符	ASCII 值	控制字符
0	NUT	32	(space)	64	@	96	`
1	SOH	33	!	65	A	97	a
2	STX	34	"	66	B	98	b
3	ETX	35	#	67	C	99	c
4	EOT	36	$	68	D	100	d
5	ENQ	37	%	69	E	101	e
6	ACK	38	&	70	F	102	f
7	BEL	39	,	71	G	103	g
8	BS	40	(	72	H	104	h
9	HT	41	)	73	I	105	i
10	LF	42	*	74	J	106	j
11	VT	43	+	75	K	107	k
12	FF	44	,	76	L	108	l
13	CR	45	-	77	M	109	m
14	SO	46	.	78	N	110	n
15	SI	47	/	79	O	111	o
16	DLE	48	0	80	P	112	p
17	DCI	49	1	81	Q	113	q
18	DC2	50	2	82	R	114	r
19	DC3	51	3	83	X	115	s
20	DC4	52	4	84	T	116	t
21	NAK	53	5	85	U	117	u
22	SYN	54	6	86	V	118	v
23	TB	55	7	87	W	119	w
24	CAN	56	8	88	X	120	x
25	EM	57	9	89	Y	121	y
26	SUB	58	:	90	Z	122	z
27	ESC	59	;	91	[	123	{
28	FS	60	<	92	/	124		
29	GS	61	=	93	]	125	}
30	RS	62	>	94	^	126	~
31	US	63	?	95	—	127	DEL

所谓关键字就是已被 C 语言编辑工具本身使用，不能作其他用途使用的字。

auto：声明自动变量，一般不使用。

double：声明双精度变量或函数。

int：声明整型变量或函数。

struct：声明结构体变量或函数。

break：跳出当前循环。

else：条件语句否定分支（与 if 连用）。

long：声明长整型变量或函数。

switch：用于开关语句。

case：开关语句分支。

enum：声明枚举类型。

register：声明寄存器变量。

typedef：用以给数据类型取别名（当然还有其他作用）。

char：声明字符型变量或函数。

extern：声明变量是在其他文件中声明（也可以看做是引用变量）。

return：子程序返回语句（可以带参数，也可不带参数）。

union：声明联合数据类型。

const：声明只读变量。

float：声明浮点型变量或函数。

short：声明短整型变量或函数。

unsigned：声明无符号类型变量或函数。

continue：结束当前循环，开始下一轮循环。

for：一种循环语句。

signed：声明有符号类型变量或函数。

void：声明函数无返回值或无参数，声明无类型指针。

default：开关语句中的"其他"分支。

goto：无条件跳转语句。

sizeof：计算数据类型长度。

volatile：说明变量在程序执行中可被隐含地改变。

do：循环语句的循环体。

while：循环语句的循环条件。

static：声明静态变量。

if：条件语句。

运算符及其优先级

优先级	运算符	名称或含义	使用形式	结合方向	说明
1	[]	数组下标	数组名[常量表达式]	左到右	
	()	圆括号	（表达式） 函数名(形参表)		
	.	成员选择（对象）	对象.成员名		
	->	成员选择（指针）	对象指针->成员名		
2	-	负号运算符	-表达式	右到左	单目
	(类型)	强制类型转换	(数据类型)表达式		
	++	自增运算符	++变量名/变量名++		
	—	自减运算符	--变量名/变量名--		
	*	取值运算符	*指针变量		
	&	取地址运算符	&变量名		
	!	逻辑非运算符	!表达式		
	~	按位取反运算符	~表达式		
	sizeof	长度运算符	sizeof(表达式)		
3	/	除	表达式/表达式	左到右	双目
	*	乘	表达式*表达式		
	%	余数（取模）	整型式/整型式		
4	+	加	表达式+表达式	左到右	
	–	减	表达式–表达式		
5	<<	左移	变量<<表达式	左到右	
	>>	右移	变量>>表达式		
6	>	大于	表达式>表达式	左到右	
	>=	大于等于	表达式>=表达式		
	<	小于	表达式<表达式		
	<=	小于等于	表达式<=表达式		
7	==	等于	表达式==表达式	左到右	
	!=	不等于	表达式!= 表达式		
8	&	按位与	表达式&表达式	左到右	

优先级	运算符	名称或含义	使用形式	结合方向	说明
9	^	按位异或	表达式^表达式	左到右	
10	|	按位或	表达式|表达式	左到右	
11	&&	逻辑与	表达式&&表达式	左到右	
12	||	逻辑或	表达式||表达式	左到右	
13	?:	条件运算符	表达式 1? 表达式 2: 表达式 3	右到左	三目
14	= /= *= %= += -= <<= >>= &= ^= |=	赋值运算符 运算后赋值	变量=表达式	右到左	双目
15	,	逗号运算符	表达式,表达式,…	左到右	顺序运算

附录4
基本库函数

一、数学函数

调用数学函数时，要求在源程序文件中包含以下命令行。

```
#include <math.h>
```

函数原型	功能	返回值
int abs(int x);	求参数 x 的绝对值	返回参数 x 的绝对值
double acos(double x);	求参数 x 的反余弦值	返回参数 x 的反余弦值
double asin(double x);	求参数 x 的反正余弦值	返回参数 x 的反正余弦值
double atan(double x);	求参数 x 的反正切值	返回参数 x 的反正切值
double cos(double x);	求参数 x 的正弦值	返回参数 x 的正弦值
double cosh(double x);	求参数 x 的双曲正弦值	返回参数 x 的双曲正弦值
double exp(double x);	求 e^x 的值	返回 e^x 的值
double fabs(double x);	求参数 x 的绝对值	返回参数 x 的绝对值
double floor(double x);	求小于等于参数 x 的最大整数值	返回小于等于参数 x 的最大整数值
double fmod(double x,double y)	求 x/y 整除后的双精度余数	返回 x/y 整除后的双精度浮点余数
double log(double x);	求参数 x 的自然对数值	返回参数 x 的自然对数值
double log10(double x);	求参数 x 的常用对数值	返回参数 x 的常用对数值
double log2(double x);	求参数 x 以 2 为底数的对数值	返回参数 x 的以 2 为底数的对数值
double pow(double base, double exp);	计算 $base^{exp}$ 的值	返回 $base^{exp}$ 的值
double sin(double x);	求参数 x 正弦值	返回参数 x 正弦值
double sinh(double x);	求参数 x 的双曲正弦值	返回参数 x 的双曲正弦值
double sqrt(double x);	求参数 x 的平方根	返回参数 x 的平方根
double tan(double x);	求参数 x 的正切值	返回参数 x 的正切值
double tanh(double x);	求参数 x 的双曲正切值	返回数 x 的双曲正切值

二、字符函数和字符串函数

字符串函数包含在头文件<string.h>中，字符函数包含在头文件<ctype.h>中。

头文件和函数原型	功能	返回值
int isalnum(int ch);	判断 ch 是否是数字或字母	是，返回 1，否则返回 0
int isalpha(int ch);	判断 ch 是否是字母	是，返回 1，否则返回 0

头文件和函数原型	功能	返回值
int iscntrl(int ch);	判断 ch 是否是控制字符	是，返回 1，否则返回 0
int isdigit(int ch);	判断 ch 是否是数字（0~9）	是，返回 1，否则返回 0
int isgraph(int ch);	判断 ch 是否是图形字符	是，返回 1，否则返回 0
int islower(int ch);	判断 ch 是否是小写字母	是，返回 1，否则返回 0
int isprint(int ch);	判断 ch 是否是可打印字符	是，返回 1，否则返回 0
int ispunct(int ch);	判断 ch 是否是标点符号字符	是，返回 1，否则返回 0
int isspace(int ch);	判断 ch 是否是空白字符（包括制表符和空格字符）	是，返回 1，否则返回 0
int isupper(int ch);	判断 ch 是否是大写字母	是，返回 1，否则返回 0
char *strcat(char *s1, char *s2);	连接 s2 到 s1 的后面	返回 s1 所指地址
char *strchr(char *s, int ch);	查找字符 ch 在 str 中第一次出现的位置	查找成功，返回找到的字符的地址，否则返回 null
int strcmp(char *s1, char *s2);	按字典方式比较字符串 str1 与字符串 str2	如果 str1 小于 str2，返回负数；如果 str1 等于 str2，返回一个 0；否则返回一个正数
char *strcpy(char *s1, char *s2);	复制字符串 s2 到字符串 s1 中	返回 s1
char *strstr(char *s1, char s2);	在 s1 所指字符串中，找出字符串 s2 第一次出现的位置	返回找到的字符串的地址，找不到则返回 NULL
unsigned strlen(char *s);	求字符串 s 的长度	返回字符串 s 的长度（不计最后的'\0'）
int tolower(int ch);	将大写字母转换成小写字母	如果 ch 是大写字母，返回对应小写字母，否则返回 ch
int toupper(int ch);	将小写字母转换成大写字母	如果 ch 是小写字母，返回对应大写字母，否则返回 ch

三、输入/输出函数（I/O 函数）

调用 I/O 函数时，应使用"#include <stdio.h>"将头文件 stdio.h 包含到源程序文件中。

函数原型	功能	返回值
int fclose(FILE *fp);	使流不再与文件相关联，自动分配的缓存也将被释放	操作成功，返回 0，否则返回 EOF
int feof(FILE *fp);	判断 fp 所指向的文件流上是否有文件结束符，即检测是否已到文件末尾	遇到文件结束，返回非 0，否则返回 0
int fgetc(FILE *fp);	从文件流中读取一个字符（unsigned char）	读取成功，返回所读取的字符，否则返回 EOF
char *fgets(char *buf, int n, FILE *fp);	从文件流 fp 中读取 n-1 个字符并存储在 buf 所指存储区	操作成功，返回 buf 所指地址，否则返回 NULL
FILE *fopen(char *filename, char *mode);	按模式 mode 打开一个名为 filename 的新文件	操作成功，返回文件指针（文件信息区的起始地址），否则返回 NULL
int fprintf(FILE *fp,char *format,args,…);	按指定格式 format，将参数列表中的各参数的值输出到"fp"所指向的文件流中	操作成功，返回实际输出的字符数，否则反回一个负数

续表

函数原型	功能	返回值
int fputc(int ch, FILE *fp);	在当前文件位置将字符 ch 写到指定流 fp 中，并将文件位置下移一个位置	操作成功，返回写入的字符，否则返回 EOF
int fputs(const char *str, FILE *fp);	将字符串 str 写到指定文件流 fp 中	操作成功，返回非负整数，否则返回-1
int fread(char *pt, unsigned size, unsigned n, FILE *fp);	从文件流 fp 中读取 n 个对象，每个对象长度为 size 个字节，将它们以数组方式存储到缓存 pt 中	返回实际读取的对象个数
int fscanf(FILE *fp, char *format, . . .);	从文件流 fp 中按指定格式 format 读取信息到参数列表 "…" 中	操作成功，返回实际读取的参数个数，否则返回 EOF
int fseek(FILE *fp, long int offset, int origin);	按 origin 指定的方式，用 offset 设置文件流 fp 的当前位置	操作成功，返回 0，否则返回非零值
long int ftell(FILE *fp);	用于获得文件流 fp 的当前位置	操作成功，返回文件流 fp 的当前位置，否则返回-1
int fwrite(char *buf, unsigned size, unsigned count, FILE *fp);	从缓存 buf 中向文件流 fp 中写入 count 个对象，每个对象的大小为 size 个字节	返回实际写入对象数
int getc(FILE *fp);	获得指定文件流 fp 中的下一位置的字符	操作成功，返回文件流 fp 中的下一位置的字符，否则返回 EOF
int getchar();	从标准输入流 stdin 中获得下一位置的字符	操作成功，返回标准输入流 stdin 中的下一位置的字符，否则返回 EOF
char *gets(char *str);	从标准输入流 stdin 中读取一字符串到 str 中	操作成功，返回 str，否则返回 null
int printf(char *format, ...);	将参数列表 "..." 中的信息按格式 format 写到标准输出文件 stdout	返回写入 stdout 的实际字符个数，否则返回负数
int putc(int ch, FILE *fp);	写字符 ch 到文件流 fp 中	操作成功，返回字符 ch，否则返回 EOF
int putchar(int ch);	写字符 ch 到标准输出文件流 stdout 中	操作成功，返回字符 ch，否则返回 EOF
int puts(char *str);	将串 str 输出到标准输出文件 stdout 中	操作成功，返回非负值，否则返回 EOF
int remove(char *fname);	删除用 fname 指定的文件	操作成功，返回 0，否则返回非零值
int rename(char *oldfname, char *newfname);	将文件名 oldfname 更名为 newfname	操作成功，返回 0，否则返回非零值
void rewind(FILE *fp);	将文件流 fp 的当前位置重置为文件流的开始处	无
int scanf(char *format, ...);	从标准输入流 stdin 中按格式 format 将数据写入到参数列表 "..." 中	操作成功，返回写入到参数列表中的参数个数，否则返回 EOF

四、动态内存分配和随机函数

调用动内存分配函数时要包含头文件<stdlib.h>。

函数原型	功能	返回值
void *calloc(size_t num, unsigned size);	分配内存大小时为 num * size，并返回指向被分配内存的指针	返回指向被分配内存的指针
void free(void *ptr);	释放指针 ptr 所指向的内存空间	无
void *malloc(size_t size);	分配内存大小为 size，并返回指向被分配内存的指针	返回指向被分配内存的指针
void *realloc(void *ptr, size_t size);	先分配大小为 size 的内存空间，将指针 ptr 所指内存空间的原有数据拷贝到新分配的内存区域，而后释放原来 ptr 所指内在区域	返回指向重新分配的内存块的指针
int rand（）	产生 0～32767 的随机整数	返回一个随机整数

参考文献

[1] 韩忠东. C 语言程序设计基础[M]. 北京：电子工业出版社，2007.

[2] 谭浩强，张基温. C 语言程序设计教程（第 3 版）[M]. 北京：高等教育出版社，2006.

[3] 陈刚. C 语言程序设计[M]. 北京：清华大学出版社，2010.

[4] K. N. King. C 语言程序设计现代方法[M]. 北京：人民邮电出版社，2007.

[5] 柳盛，王国全，沈永林. C 语言通用范例开发金典[M]. 北京：电子工业出版社，2008.

[6] 郭俊凤，朱景福. C 语言设计案例教程[M]. 北京：清华大学出版社，2009.

[7] Mark Allen Wwiss. 数据结构与算法分析：C 语言描述[M]. 北京：清华大学出版社，2005.

[8] 曹衍龙，林瑞仲，等. C 语言实例解析精粹[M]. 北京：人民邮电出版社，2005.

[9] 教育部考试中心. 全国计算机等级考试二级教程——C 语言程序设计. 北京：高等教育出版社，2010.

[10]（美）Gerald M.Weinberg. 理解专业程序员[M]. 刘天北译. 北京：清华大学出版社，2006.

[11] 凌云，吴海燕，谢满德. C 语言程序设计与实践[M]. 北京：机械工业出版社，2010.

[12] 罗晓芳，等. C 语言程序设计习题解析与上机指导[M]. 北京：机械工业出版社，2009.

[13] 赵克林，等. C 语言程序设计教程[M]. 北京：北京工业大学出版社，2004.

[14] 谭浩强. C 程序设计（第 2 版）[M]. 北京：清华大学出版社，1999.

[15] Ivor Horton. C 语言入门经典（第 5 版）[M]. 北京：清华大学出版社，2013.